运城盐湖嗜盐细菌源次生代谢产物的定向发掘，20210302123080，山西省基础研究计划（自由探索类）

嗜盐微生物资源利用山西省科技创新人才团队，202204051001035，山西省科技创新人才团队项目

山西省服务产业创新学科群项目（特色农产品发展）

运城盐湖可培养嗜盐古菌的多样性及功能菌株筛选，202203021211114，山西省基础研究计划（自由探索类）

现代微生物资源的开发与利用新探

王传旭　著

中国原子能出版社

图书在版编目（CIP）数据

现代微生物资源的开发与利用新探 / 王传旭著. --

北京：中国原子能出版社，2023.11

ISBN 978-7-5221-3259-4

Ⅰ. ①现… Ⅱ. ①王… Ⅲ. ①微生物–生物资源–资

源开发②微生物–生物资源–资源利用 Ⅳ. ①Q939.9

中国国家版本馆 CIP 数据核字（2023）第 256926 号

现代微生物资源的开发与利用新探

出版发行	中国原子能出版社（北京市海淀区阜成路 43 号　100048）
责任编辑	张　磊
责任印制	赵　明
印　　刷	北京金港印刷有限公司
经　　销	全国新华书店
开　　本	787 毫米×1092 毫米　1/16
印　　张	12.875
字　　数	201 千字
版　　次	2023 年 11 月第 1 版　　2023 年 11 月第 1 次印刷
书　　号	ISBN 978-7-5221-3259-4
定　　价	**75.00 元**

网址：**http://www.aep.com.cn**　　　　E-mail：**atomep123@126.com**

发行电话：**010-68452845**　　　　　　　版权所有　侵权必究

作者简介

　　王传旭，男，汉族，1985 年 4 月出生，籍贯为山东聊城，毕业于山东大学生化与分子生物学专业，博士研究生学历。现为运城学院生命科学系副教授、山西师范大学硕士研究生导师，目前主要从事运城盐湖嗜盐微生物资源开发和应用研究工作，主持山西省自然科学基金面上项目 1 项、山西省高等学校科技创新项目 1 项，指导国家级大学生创新创业训练项目 1 项，先后在 *Indian Journal of Microbiology*、*Brazilian Journal of Microbiology*、《微生物学通报》《云南大学学报》等刊物上发表文章 10 余篇。

前　言

微生物因种类和数量繁多，资源非常丰富，具有广泛的应用价值。为了更有效地开发和利用微生物资源，需要加强研究和开展微生物资源的保护工作。对微生物资源进行保护不仅有利于推动微生物资源的长期利用，同时，也有利于保护生物多样性。针对不同的微生物资源，采取相应的保护措施是非常必要的。最关键的是，开展微生物资源的保护和利用工作需要充分尊重自然规律，利用微生物资源时应遵循有益、安全、可持续的原则。

为了更好地实现微生物资源的开发和利用，需要多学科协作，在微生物学、生态学、环境科学、信息科学等多个领域进行深入研究，以推动微生物资源的应用和开发。同时，政府部门也应加强微生物资源的管理和监管，制定科学的政策和规定，推动微生物资源的可持续利用和开发。只有这样，才能更好地实现微生物资源的开发和利用，推动人类文明的可持续发展。

基于此，本书以"现代微生物资源的开发与利用新探"为选题，首先研究微生物与微生物学、微生物的代谢机制、微生物的营养与培养基；其次围绕极端环境微生物、工业微生物资源、土壤微生物资源、海洋微生物资源展开论述；再次探究食用菌资源的应用；最后突出创新性，研究微生物大数据资源的构建、微生物图像形态的视觉创新、人工智能助力微生物的技术发展。

本书内容丰富，结构清晰，逻辑严谨，论述了现代微生物资源研究中最新的技术和理论，涵盖了微生物大数据和人工智能等前沿技术，突破了传统微生物学范式，为读者提供了更为全面和多元化的知识体系。同时，本书是一本内容丰富、实用性强的微生物资源开发和利用专业著作，理论和实践相结合，科学与技术相结合，为相关领域从业人员和普通读者提供了一本全面、详细、实用的指导性读物。

作者在写作过程中，得到了许多专家、学者的帮助和指导，在此表示诚挚的谢意。由于作者水平有限，加之时间仓促，书中所涉及的内容难免有疏漏之处，希望各位读者多提宝贵的意见，以便进一步修改，使之更加完善。

目 录

第一章

微生物概论

微生物是存在于自然界中极为重要的一类微小生物，包括细菌、病毒、真菌、藻类等，它们在地球生态系统中扮演着至关重要的角色。微生物在人类的健康、食品科学、环境保护等众多领域都被广泛应用并发挥着作用。因此，微生物学成为现代生命科学中不可缺少的一部分。基于此，本章围绕微生物与微生物学、微生物的代谢机制、微生物的营养与培养基展开论述。

第一节　微生物与微生物学

一、微生物

微生物最初是指一类个体微小、结构简单、肉眼不能直接看见的微小生物的总称。但是随着现代微生物学的发展，发现一些藻类和真菌个体大到肉眼可以直接看见，甚至还有一些细菌如纳米比亚嗜硫细菌和费氏刺尾鱼菌也不需要显微镜即可看到。所以，现代意义上的微生物是指绝大多数凭肉眼看不见或看不清，以及少数能直接通过肉眼看见的单细胞、多细胞和无细胞结构的微小生物的总称。

微生物的种类繁多，数量极其庞大，一般包括不具有细胞结构的病毒、亚病毒（类病毒、拟病毒、朊病毒），此类微生物没有典型的细胞结构，也无产生能量的酶系统，只能在活细胞内生长繁殖；具有原核细胞结构的细菌、放线菌、蓝细菌、立克次体、衣原体和支原体，此类微生物细胞核分化程度低，仅有原始核质，没有核膜与核仁，细胞器不太完善；以及具有真核细胞结构的真菌（如酵母、霉菌、蕈菌等）、原生动物和单细胞藻类等，这些微生物细胞核的分化程度较高，有核膜、核仁和染色体，胞质内有完整的细胞器如内质网、核蛋白体和线粒体等。

微生物在人们的生活生产和自然界的生态系统中起着非常重要的作用。微生物不仅为人和动物提供多种赖以生存的营养物质，而且微生物也是地球上有机物质的主要分解者，是地球的清洁工，一切动植物的残体和废弃的有机物都要由微生物降解后，才能进入再循环。一部分微生物还能够利用太阳能进行光合作用，或利用无机物氧化产生的能量将无机物转化为有机物。日常生活中的许多食品、药品和日用化学品都是微生物代谢的产物。空气中的氮多半也要通过微生物的固氮作用，才能转换成植物可以吸收利用的形态。它们的活动构成了自然界物质循环的重要环节。可以说，没有微生物就没有当今五彩缤纷的世界。

当然，有些微生物也能引起人类及其他动物、植物的病害。例如，鼠瘟（又称黑死病）、腹泻、神经麻痹、肝炎、腮腺炎、典型肺炎、结核病、伤寒等，都是由有害微生物引起的，而且有很多病尚不明病因，也没有有效的控制办法。另外，微生物的破坏性还表现在引起工农业产品及生活用品的腐烂、腐蚀等方面。学习微生物的目的就在于更好地开发微生物资源，充分利用微生物有利于人类生活的方面，控制微生物的有害方面，使之为人类创造更大的经济效益和社会效益。

（一）微生物的特点

微生物作为生物具有由 DNA 链上的基因所携带的遗传信息，其复制、表达与调控都遵循中心法则（少数除外），蛋白质、核酸、多糖、脂肪酸等大分子物质的初级代谢基本相同，能量代谢都以 ATP[①]作为能量载体，上述特征与其他生物相同，此外，微生物还具有其自身的特点。

1. 生长旺盛，繁殖快

微生物在快速代谢的过程中，必然加速其细胞分裂和生长的速率。有资料表明，细菌比植物繁殖速率快 530 倍，比动物繁殖速率快 2 000 倍。一头 500 kg 的食用公牛，24 小时仅能生产 0.5 kg 蛋白质，而等重的酵母菌，以质量较次的糖液（糖蜜）和氨水为原料，24 小时就能生产 50 000 kg 优质蛋白

---

① ATP（腺嘌呤核苷三磷酸）是一种不稳定的高能化合物，由 1 分子腺嘌呤，1 分子核糖和 3 分子磷酸组成，又称腺苷三磷酸。

质。理想状态下，大肠杆菌平均 20 分钟繁殖一代，如果维持这样的繁殖速率，24 小时内初始的一个大肠杆菌可以繁殖约 4.72 万亿个后代，总重约可达 4 722 t，若将它们平铺在地球表面，它们能将地球表面完全覆盖。

2. 易变异，适应性强

微生物的个体一般都是单细胞、简单多细胞，甚至是非细胞的，它们具有繁殖速度快、数量多以及与环境直接接触等特点，为了抵抗外界环境的变化，少数微生物细胞会发生突变，以适应这种外界环境的不良变化，但即使自然变异的概率十分低，它们也可以在很短的时间内繁殖出大量的抗外界环境的变异个体。人们利用微生物易变异的特点进行菌种选育，可以在短时间内获得优良菌种，提高产品质量。微生物也因为这个特点而成为人们研究生物学基本问题时的最理想的实验材料。但有害的变异也给人类造成了严重的危害，如各种致病菌的耐药性变异使原本已得到控制的相应传染病再次变得难以治疗，而各种优良菌种生产性状的退化则会使生产无法正常维持等。同时，微生物的变异性也使其具有极强的适应能力，如耐热性、抗寒性、抗盐性、抗氧性、抗压性、抗毒性等能力。

3. 体积小，比表面积大

比表面积是指某一物体单位体积所占的表面积。形状相同的物体，其体积越小，比表面积就越大。任何体积一定的物体，如果对它进行多次切割，则切割的次数越多，所得到的个体就越多，每个个体的体积必然越小。将这些小的个体的面积逐一相加后，其总面积就变得十分庞大。微生物就具有这样的特性。绝大多数的微生物细胞大小通常以微米和纳米来衡量，需要用显微镜才能观察得到，如此小的个体使其在单位体积中个体越小，数量越多，其表面积之和也就越大。如果一个人的比表面积值等于 1，那么一个乳酸杆菌的比表面积值约等于 120 000，而一个大肠杆菌的比表面积值则约等于 30 万。而像这样巨大的比表面积，必然给微生物提供了更多的和外界进行物质交换的面积，也就特别有利于微生物和周围环境进行物质、能量、信息的交换。微生物的其他许多特性都和这一特点密切相关，这也是微生物与一切大型生物相区别的关键性的一个特点。

4. 食谱广，代谢类型多而快

食谱广是因为纤维素、木质素、几丁质、石油、甲醇、甲烷、天然气、酚类、氰化物、塑料、城市垃圾以及其他各种有机物均可作为微生物的粮食。微生物的代谢类型之多、活性之强是动植物所不能及的，如光合作用、化能合成作用、生物固氮作用、合成各种次生代谢产物的能力、抵抗极端环境的能力、分解氰及多氯联苯等有毒和剧毒物质的能力等。

5. 种类多，数量大，分布广

微生物的种类数量大约有 600 万种，其中已记载的仅约 20 万种，包括原核生物 3 500 种、病毒 4 000 种、真菌 9 万种、原生动物和藻类 10 万种，随着人类对微生物的不断开发、研究和利用，被发现的微生物的种类还将不断增加。

微生物在自然界中的数量是非常庞大的，如每克土壤中约有 1 亿个细菌；人类每个喷嚏中含细菌 4 500～150 000 个，重感冒患者的喷嚏中细菌数量可高达 8 500 万个。

微生物在自然界的分布也是十分广泛的，主要由于其细胞体积小、质量轻，所以可以到处传播，在适宜的环境中即可安营扎寨，快速而大量繁殖。不论在动、植物体内外，还是土壤、河流、空气，平原、高山、深海，污水、垃圾、海底淤泥，冰川、盐湖、沙漠，甚至油井、酸性矿水和岩层下，都有大量与其相适应的各类微生物在活动着。由此可见，微生物在自然界中的分布是极其广泛的。

（二）微生物的命名

微生物的命名有俗名和学名两种。同一种微生物在不同国家和地区常有不同的名称，即俗名。俗名具有通俗易懂、便于记忆等特点，如结核分枝杆菌俗称结核杆菌，粗糙脉孢菌俗称红色面包霉等。但俗名也有使用范围和地区性等方面的限制，不便于国际和地区间的交流，因此，有必要按照有关微生物分类的国际委员会拟定的法则给每一个微生物以科学的名称，即学名。与其他生物一样，微生物的学名也是采用瑞典林奈双名法命名的。

1. 双名法

双名法是指一个物种的学名由前面一个属名和后面一个种名加词两部分组成，即：学名＝属名＋种名加词＋现名定名人＋现名定名年份。

2. 命名时的特殊情况

（1）种转属情况。学名＝属名＋种名加词＋（首次定名人）＋现名定名人＋现名定名年份。当一个种由一属转入另一属需要重新命名时，要将原命名人的名字置于括号内，放在学名之后，并在括号后再附以现命名人的名字和年份。

（2）亚种情况。学名＝属名＋种名加词＋subsp 或 var.＋亚种名加词。

（3）不特指某一种或未定种名情况。当泛指某一属而不特指该属中任何一个种或者由于种种原因而一时难以定种名时，通常在属名后加 sp.或 spp.。

（4）新种情况。如果是新种，则要在新种学名之后加"sp.nov."（其中 sp.为物种 spe-cies 的缩写；nov.为 novel 的缩写，新的意思）。

二、微生物学

（一）微生物学的研究内容

微生物学是生物学的一个分支，是探究微生物及其生命活动规律和应用的科学。研究着重于微生物的外貌、生理生化、营养特性、生长繁殖、遗传变异、分类鉴定、进化和生态分布，以及在工业、农业、食品、医药、环境保护等领域的应用。通过深入研究微生物，人们能更好地理解它们在自然界中的角色和功能，并利用这些知识来改善人类生活。

（二）微生物学的未来展望

在传染病防控、工农业、微生物基因组学、环境治理和材料方面，微生物发挥着重要的作用。加强微生物学的研究，对于改善人类的生活和健康状况具有巨大的潜力。

第一，在传染病防控方面，科学家们致力于加强传染病病原学研究，这有助于深入了解病原微生物的特性和传播途径，为疫情防控提供更有效的手段。此外，通过开发新药和新型疫苗，人们能够更好地应对传染病的威胁。微生物学诊断方法的发展也是至关重要的，它能够提高传染病的早期检测和诊断速度，有助于及早采取措施遏制疫情蔓延。

第二，在工农业方面，利用微生物进行工业生产、环境控制、污染物降解、疾病治疗和农业增产具有广阔前景。微生物技术可以促进工业生产的高效进行，实现环境友好型生产方式。在农业领域，利用微生物的力量可以防止微生物对食品和农作物的危害，提高农产品的质量和产量。

第三，微生物基因组学的发展具有重要意义。通过研究微生物的基因组序列，科学家们能够深入了解基因与细胞结构的关系，从而探索生物信息学和计算机研究生物学问题。这将推动生物科学领域的发展，并为新型治疗方法和药物研发提供重要线索。

第四，在环境治理方面，微生物技术也发挥着重要作用。氮脱硫、除臭、废水处理、制浆、漂白以及重金属污染治理和污染土壤修复，都可以借助微生物的特性和功能来实现更高效、更环保的方法。这对于改善生态环境，维护人类健康至关重要。

第五，微生物作为研究生物学基础性问题的重要材料，在材料方面发挥着重要作用。科学家们可以利用微生物研究复杂细胞结构、细胞通信、应答环境和生物膜等领域，从而为新型材料的开发提供启示。另外，微生物与微生物相互作用的探索也需要进一步深入研究，这有助于理解微生物在生态系统中的作用和相互关系。

第二节　微生物的代谢机制

微生物代谢是微生物体内经过生化反应，从摄取的营养物质中获得能量和合成细胞物质的过程。这是微生物生命活动的基本特征之一，包括物质代谢和能量代谢。物质代谢由分解代谢和合成代谢组成，而能量代谢则包括产能代谢和耗能代谢。

分解代谢是微生物将复杂大分子降解为简单小分子的过程，伴随着能量和还原力的产生。在这一过程中，微生物利用外源性物质，如有机化合物或其他营养物质，通过一系列酶催化反应，将它们分解成较小的分子。同时，这些反应释放出的能量被用来合成ATP，这是微生物细胞获取能量的重要分子。此外，分解代谢还会产生还原力，参与细胞内的其他生化过程。

相反，合成代谢是微生物利用简单小分子、ATP和还原力来合成复杂大分子的过程。通过这个过程，微生物能够合成细胞所需的各种生物分子，如蛋白质、核酸、脂类等，以维持细胞的正常功能和生长。合成代谢是微生物维持细胞结构和功能稳定的重要方式。

微生物代谢类型非常多样，使它们具有了极强的适应性。微生物能够分解几乎所有天然有机物质，包括植物和动物的残骸、有机废物以及其他微生物体。这种多样性使微生物在自然界中扮演着不可或缺的角色，它们促进了有机物质的循环和生态系统的平衡。

一、微生物产能代谢

微生物是微小生命体，它通过合成蛋白质、核酸、脂类和多糖等细胞物质来实现生长和繁殖。微生物主动吸收营养物质，满足其生命活动的需求。此外，微生物能够进行鞭毛运动、细胞质流动以及细胞核分裂等过程，从而实现细胞的运动和繁殖，它的能量主要来源于化学能和光能，这些能量支撑着它们的各项生命活动。微生物生命的这些基本特点使它们在地球上广泛存在，扮演着重要的角色，影响着许多生态系统的平衡与稳定。

（一）化能型微生物产能代谢

化能型微生物包括绝大多数细菌、所有放线菌、所有真菌以及所有原生动物。它们对有机物或无机物进行氧化分解来获得能源。产生 ATP 的方式主要有两种：底物水平磷酸化和氧化磷酸化。微生物的能量产生方式取决于最终电子受体的性质。有氧呼吸和无氧呼吸是两种常见的能量产生途径。有氧呼吸利用氧作为最终电子受体，将有机物氧化为二氧化碳和水，并产生大量的 ATP。而无氧呼吸在缺氧环境中进行，最终电子受体可以是硝酸盐、硫酸盐或者甚至是有机物，产生的 ATP 相对较少。这些不同的能源获取和能量产生途径使化能型微生物在不同环境中都能存活和繁衍。

1. 有氧呼吸

有氧呼吸是自然界中一种普遍且重要的产能方式。它通过微生物将底物氧化时释放的氢和电子传递给分子氧，产生水并释放大量能量。这个生物氧化过程必须在有氧条件下完成，采用了高效的氧化磷酸化方式。

在生物界，有两类微生物利用有氧呼吸产生能量。一是化能异养菌，它们利用有机物作为呼吸底物。这些微生物通过三羧酸循环将有机底物完全分解，从中获得能量。二是化能自养菌，它们则以无机物作为呼吸底物，例如，氢气、含硫无机物、氨或亚硝酸、铁等。化能自养菌能够通过这些无机底物产生所需的 ATP 和氢，支持其生存与生长。

与化能异养型微生物相比，化能自养型微生物的产能效率较低。这是因为它们在进行有氧呼吸时，不同的无机底物脱氢后的电子必须按照相应的氧化还原电位进入电子传递链的适当位置。这个过程相对较为复杂，导致了相对较低的能量产出效率。

化能异养型微生物主要依赖有氧呼吸代谢来利用己糖进行三羧酸循环，从而获取生长所需的能量。在化能自养菌这一类微生物中，有以下四个主要代表类型，它们各自利用不同的化合物作为能源进行代谢：

（1）氨的氧化。有一些微生物以氨作为能源进行氧化作用，产生能量以供生长。这个过程分为两个阶段：首先氨被氧化为亚硝酸（HNO_2），然后再被氧化为硝酸（HNO_3）。完成这两个阶段的是亚硝化细菌和硝酸化细菌。

（2）硫的氧化。有一些微生物利用还原态无机硫化物，如 H_2S、S 或 FeS 作为能源，最终生成硫酸及其盐类。这个过程被称为硫化作用，其中进行硫化作用的主要微生物分为有色硫细菌和无色硫细菌。

（3）氢的氧化。氢细菌是一类兼性化能自养菌，能利用分子氢氧化产生能量，并通过同化 CO_2 来进行生长。除了氢，它们还可以利用其他有机物进行代谢，以满足能量需求。氢细菌使用氢作为电子供体，而氧气、硝酸盐、硫酸盐或二氧化碳则是它们的电子受体。

（4）铁的氧化。铁细菌利用分子态氧将二价铁离子氧化为三价铁离子，同时固定二氧化碳。一个典型例子是氧化亚铁硫杆菌，在酸性条件下，它可以氧化二价铁并固定二氧化碳，同时利用硫和无机硫化物。生长的最适 pH 为 2.5～4.0。氧化铁离子时，需要硫酸，其反应式为：

$$4FeSO_4 + O_2 + 2H_2SO_4 \rightarrow 2Fe_2(SO_4)_3 + 2H_2O$$

在该菌的呼吸链中，科学家们发现了一种含铜蛋白质，该蛋白质与细胞色素 C 和细胞色素 a_1 氧化酶相互作用，构成了一个重要的电子传递链。同时，细胞色素 C 还原酶在这个过程中发挥着关键的作用，它能够将二价铁离子还原成三价铁离子。这一电子传递系统在生物体内产生了大量的 ATP，同时通过 ATP 电子逆流的方式来还原 NAD[①]，以进行二氧化碳的还原。不过，这种菌属于化能自养型微生物，它们以无机物为能源，虽然能够生产所需的能量，但产能效率较低且生长速度较慢。

与其他化能异养型微生物相比，这些微生物利用的能源物质通常是其他化能异养型生物所不能利用的，因此它们之间并不存在生存竞争。相反，它们在生态系统中发挥着独特的作用，与那些产能效率高、生长迅速的化能异养型微生物形成一种相对平衡的关系。这一发现为人们深入了解微生物在能量转化和生态平衡方面的作用提供了重要线索。

---

① 烟酰胺腺嘌呤二核苷酸。

2. 无氧呼吸

无氧呼吸是一种氧化脱氢过程，其特点是电子在化合物氧化时不经过分子氧，而是传递给无机氧化物作为最终电子受体。

（1）硝酸盐呼吸。硝酸盐呼吸是一种利用硝酸盐作为终端受氢体的厌氧呼吸过程，通过这种过程，硝酸盐可以被还原为氮气产物，起到一定的环境修复作用。

（2）硫呼吸。硫呼吸以无机硫作为终端受氢体，生成硫化氢，这是一种具有特殊气味的气体。

（3）硫酸盐呼吸。硫酸盐呼吸是一种无氧呼吸过程，但其终端受氢体是 SO_2，通过硫酸盐还原细菌完成。这一过程在一些特殊环境中也起到一定的作用。

（4）碳酸盐呼吸。碳酸盐呼吸以 CO_2 或 HCO_3 为终端受氢体进行无氧呼吸。这种呼吸过程主要分为两类：产甲烷碳酸盐呼吸和产乙酸碳酸盐呼吸。分别由产甲烷细菌和产乙酸细菌来完成。这两类细菌在地球上的碳循环过程中发挥着重要的作用。

（二）光能营养型微生物的产能代谢

光能营养型微生物是一类包括光能自养型微生物和光能异养型微生物在内的微生物。在自然界中，能够进行光能营养的生物多种多样，其中包括藻类、蓝细菌、光合细菌以及嗜盐菌等。这些光能微生物通过光合作用利用光能，并固定二氧化碳，从而合成有机物，类似于绿色植物。令人惊奇的是，每年有四五千亿 t 碳在地球上转化为有机物，而其中约有三分之一是由海洋微生物来完成的。

1. 光合微生物类群

（1）藻类。藻类在地球上扮演着至关重要的角色，它们是初级生产者中的佼佼者，通过光合作用产生的有机碳量约为高等植物的 7 倍。同时，固氮藻类和固氮细菌每年约能固定 1.7 亿 t 氮素，这对维持地球生态平衡具有重要意义。不仅如此，藻类还是人类和其他动物的重要食物源，供给着我们生活所需的营养元素。此外，它们释放出大量的氧气，为我们呼吸的空气增添了重要的组成部分。因此，可以说藻类对于维持生态系统的平衡和环境质量的维护有着深远的意义。

（2）蓝细菌。除了藻类，蓝细菌也在地球生态系统中发挥着重要作用。

虽然过去曾被归类为藻类，但现在被归入细菌域。这些大型原核生物具备产氧性光合作用的能力，为维持氧气循环提供了重要的支持。

（3）光合细菌。光合细菌则是地球上最早出现、普遍存在的原核生物。它们能够在厌氧条件下进行不放氧光合作用，是一类革兰氏阴性细菌。这些光合细菌可以利用光和有机物等作为能源和碳源进行光合作用，它们分为自养和异养两大类。光合细菌的存在丰富了生态系统的多样性，并在一定程度上调节了环境中的化学成分。

（4）嗜盐细菌。嗜盐细菌是古细菌的一类，它们必须在高盐环境中生长，并依靠光合作用获取营养。这些细菌主要存在于天然盐湖和太阳蒸发盐池等特殊环境中。嗜盐细菌的独特适应性使它们在这些高盐度环境中独自生存，并对这些特殊生态系统产生着影响。

2. 光合磷酸化

光合磷酸化是将光能转变为化学能的过程。在这种转化过程中，光合色素起着重要作用。微生物中的蓝细菌、光合细菌以及嗜盐细菌的光合色素的光合磷酸化特点均有所不同。

（1）光合色素。光合作用是植物和藻类进行能量合成的关键过程，其中光合色素扮演着重要的角色。这些光合色素在光合作用中起着光吸收、光能传递和引起原初光化学反应等关键作用。

高等植物和绝大多数藻类中含有几种主要的光合色素，包括叶绿素 a、b 和类胡萝卜素。然而，其他一些藻类则在其光合色素的组成上更加多样化，除了叶绿素 a、b 外，还包含叶绿素 c、d 以及藻胆素，如藻红素和藻蓝素。不仅在植物和藻类中，光合细菌也含有自己独特的光合色素。其中最常见的是细菌叶绿素，也被称为"菌绿素"。而在嗜盐菌中，其光合色素则与视紫红质的色素 11-顺-视黄醛相似。这些光合色素，包括叶绿素 a、b 和细菌叶绿素，都由一个与镁配合的卟啉环和一个长链醇组成。尽管它们之间存在一些细微差别，但整体上结构相似。

（2）光合磷酸化的种类。

光合磷酸化是生物界中重要的能量来源之一，其种类包括非环式光合磷酸化、环式光合磷酸化和紫膜光合磷酸化。这三种光合磷酸化方式在不同生物体中发挥着关键作用。

非环式光合磷酸化。非环式光合磷酸化是一种常见的光合作用类型，主要发生在蓝细菌中。这些细菌利用叶绿素进行光合作用，这种过程被称为放氧型光合作用。非环式光合磷酸化包含两个重要的光反应系统：系统Ⅰ和系统Ⅱ。这两个系统通过非环式电子传递，产生了大量的 ATP 和 NADPH＋H＋。在系统Ⅰ中，光合色素叶绿素 P700 起到关键作用，而系统Ⅱ则依赖光合色素 P680 来实现光合作用的进一步推进。

环式光合磷酸化。环式光合磷酸化主要存在于光合细菌中，并且在厌氧条件下进行光合作用。光合细菌使用细菌叶绿素来实现光合作用，这被称为非放氧型光合作用。在环式光合磷酸化中，电子在光能的驱动下通过细菌叶绿素等传递体进行循环式传递，最终产生了 ATP。尽管环式光合磷酸化并不像非环式光合磷酸化那样产生 NADPH＋H$^+$，但在某些特定环境中，它仍然是一种重要的能量产生途径。

紫膜光合磷酸化。紫膜光合磷酸化是一种相对较新且特殊的光合作用类型，它仅存在于嗜盐菌中。这种光合磷酸化产能途径的特别之处在于其不需要叶绿素或菌绿素的参与。相反，嗜盐菌在无叶绿素或菌绿素的情况下，直接吸收光能来产生 ATP。紫膜光合磷酸化主要发生在低氧压或厌氧条件下的光照培养过程中。嗜盐菌细胞膜上形成的斑状紫色膜，即紫膜，成为这种光合作用的关键组成部分。这种特殊的光合磷酸化方式为嗜盐菌在极端环境下生存提供了一种独特的能量获取途径。

二、微生物耗能代谢

合成代谢是维持细胞正常运作的关键过程，其所需能量主要由 ATP 和质子动力提供。在细胞内，糖类、氨基酸、脂肪酸、嘌呤嘧啶等主要成分的合成反应，涉及复杂的生化途径。值得注意的是，合成代谢和分解代谢之间存在着共享的中间代谢物。当细胞进行分解代谢时，产生的丙酮酸、乙酰辅酶A、草酰乙酸和三磷酸-甘油醛等化合物，并不被浪费掉，而是可用作生物合成反应的起始物。这种循环的使用方式使细胞更加高效地利用资源。

一个分子物质在其生物合成代谢途径和分解代谢途径之间通常是不同的。这是因为合成和分解代谢的目标和调节方式在很多情况下是不同的，细胞需要确保这两个过程能够有效地同时进行，但并不混淆彼此的途径，以维持细胞内的平衡和稳定。通过精密的调控和协调，细胞能够实现合成代谢和分解代谢的有序运作，从而保持生命活动的正常进行。

（一）氨基酸的合成

氨基酸的合成是微生物生长不可或缺的过程，其来源主要分为两种：直接吸收和合成。氨基酸的碳骨架是由糖代谢的中间产物提供的。而氨的供给则来自多个途径，包括外界吸收、体内含氮化合物的分解、固氮作用以及硝酸还原作用。对于含硫氨基酸的合成，微生物需要获取硫元素，通常是从硫酸盐中吸收。但这些硫元素还需经过还原反应才能用于氨基酸的合成过程。

氨基酸的合成方式主要有三种：氨基化作用、转氨基作用以及利用糖代谢产物作为前体的合成。在这些合成过程中，可能会涉及转氨基的反应，使氨基酸的结构发生相应的变化。

（二）核苷酸的合成

核苷酸是构成核酸的基本结构单位，它由碱基、戊糖和磷酸组成，并在生物体内起着重要的合成核酸和构成酶的作用。根据所含碱基的不同，核苷酸可以分为嘌呤核苷酸和嘧啶核苷酸。

1. 嘌呤核苷酸的生物合成

嘌呤核苷酸的生物合成有两种主要方式。首先是全新合成，该过程涉及从小分子化合物合成次黄嘌呤核苷酸（IMP），其次再转化为其他嘌呤核苷酸。在全新合成中，碳和氮来自氨基酸、CO_2 和甲酸等物质，这些逐步添加到核糖磷酸起始物质上，形成嘌呤核苷酸的结构。

除了全新合成外，嘌呤核苷酸还可以通过自由碱基或核苷的转化得到。这些嘌呤碱基和核苷在生物体内发生相应的转化反应，最终形成嘌呤核苷酸。

2. 嘧啶核苷酸的生物合成

嘧啶核苷酸的生物合成同样有两种方式。首先是全新合成，这个过程从小分子化合物开始，逐步合成尿嘧啶核苷酸（UMP），然后再转化为其他嘧啶核苷酸。全新合成的过程涉及 5-磷酸-核糖焦磷酸、天冬氨酸、CO_2、NH_3 和 ATP 等物质的参与。在多个酶的催化下，这些物质逐步组合形成嘧啶核苷酸的结构。

除了全新合成外，嘧啶核苷酸还可以通过以完整的嘧啶或嘧啶核苷分子为起始物质，逐步合成其他嘧啶核苷酸。这个过程利用特定的合成途径，将完整的嘧啶或嘧啶核苷转化为目标核苷酸。

第三节 微生物的营养与培养基

一、微生物细胞与营养物质

微生物与其他生物一样，需要不断从外界获取能量和营养物质，然后在体内转化为细胞成分并获得可利用的能量。这个过程是微生物生存和繁衍的基本需求。与此同时，微生物通过将代谢废物排出体外，保持内部环境的稳定。更为重要的是，微生物在营养过程中可能产生多种有益的代谢产物，这些产物对其他生物或环境具有积极影响。

微生物的营养取决于外界环境中提供的化学物质，它们被统称为营养物质。这些营养物质包括结构组分、能量、代谢调节物质以及良好的生理环境。对于微生物而言，主动摄取和利用这些营养物质是其生存和繁衍的关键过程，这个过程被称为营养。营养物质可以被视为微生物生命活动的物质基础，它们为微生物的生长、分裂和代谢活动提供必要的支持。

（一）微生物细胞

研究微生物细胞的化学组成，可为探究其营养来源提供理论支持。微生物细胞的化学组成与其他生物的细胞相似，除了含有大量水分外，还包含10%～30%的干物质。

1. 微生物细胞的水分含量

水在微生物细胞中扮演着至关重要的角色，通常占据着细胞鲜重的70%～90%。然而，不同种类的微生物的含水量有所不同，并且同一种微生物在发育阶段和生活条件不同的情况下也会有差异。就具体的微生物来说，细菌的含水量约为细胞鲜重的 75%～85%，而酵母菌则稍微低一些，为73%～75%。相比之下，霉菌的含水量则较高，为 84%～85%。不仅如此，细胞的含水量也与其状态和年龄相关。衰老的细胞相较于幼龄细胞，含水量更为稀少。

此外，微生物的休眠体和营养体在含水量方面也存在差异。休眠体通常比营养体含水量更低，举例来说，细菌的芽孢含水量仅为40%，而曲霉的分

生孢子含水量更低，仅为 20%。

细胞内的水含量对于微生物的生存和功能发挥至关重要，这些不同含水量的变化也反映了微生物在不同环境中的适应性和生理状态。

2. 微生物细胞的有机物质

微生物细胞的干物质中，90%以上是有机物质，主要包括蛋白质、核酸、碳水化合物和脂类。这些物质的含量因菌种和生活条件而异。它们不仅是细胞内合成高分子化合物的前体，还在进一步分解代谢中起着中间产物的作用。部分有机物质以次生代谢产物的形式在细胞内积累或分泌到环境中。这些有机物在微生物细胞内担负着重要的生理功能，具体表现为：

（1）蛋白质。蛋白质是组成细胞原生质的基本物质，微生物体内蛋白质的含量约占干重的一半。细胞中的大部分蛋白质与其他物质结合形成结合蛋白，形成多种不同的功能复合体。这些蛋白质以多种形式与其他生物分子结合，如组蛋白与 DNA 构成染色体，与 RNA 构成核蛋白体，与磷脂构成细胞质膜和细胞器膜，与金属离子构成金属蛋白，以及以鞭毛蛋白形式构成鞭毛等。其中，细胞酶也是由蛋白质构成的，存在于细胞内各个部分，发挥着重要的催化作用。有些酶是单独的蛋白质，有些连接在细胞结构上，还有一些游离于细胞内，甚至能够分泌至体外，推动细胞中的生化反应进行。这些酶的高效催化作用使细胞能够进行各种生物化学反应，维持正常的代谢和生命活动。

细胞内蛋白质的丰富多样性以及与其他分子的紧密结合，赋予细胞以复杂的生物功能。它们在细胞的结构、传递信号、储存和运输物质等方面起着关键作用。总体而言，蛋白质在细胞中的重要性不可忽视，是构建和维持细胞机体的基石，为生命的持续进行提供了必要的支持。

（2）核酸。核酸是组成染色体和核蛋白体的基本成分。它在生物体内起着至关重要的作用，参与了生物体的遗传信息传递和蛋白质的生物合成过程。核酸包括核糖核酸（RNA）和脱氧核糖核酸（DNA）两种类型。

RNA。RNA 具有多种类型，其中有三种在生物体内发挥着重要作用。第一种是 rRNA，它构成核蛋白体，参与细胞内蛋白质合成，从而起到支持细胞功能的作用。第二种是 mRNA，它是蛋白质合成的模板，它携带着 DNA 上的遗传信息，并将其传递到细胞质中参与蛋白质的合成。第三种是 tRNA，它与特定氨基酸结合，并将其转运到 mRNA 上，以便参与蛋白质合成过程。

RNA 的含量在微生物生长过程中会有变化，当微生物处于旺盛生长状态时，RNA 的含量会增加，反之则会下降。大部分 RNA 存在于细胞质中，并与蛋白质结合形成核蛋白体，这对于细胞的正常功能和蛋白质合成至关重要。

DNA。DNA 主要存在于细胞核、质粒和一些细胞器（如叶绿体和线粒体等）中。它在细胞中的含量占细胞干重的 3%～4%，其主要功能是传递生物体的遗传性状，这是生物体遗传信息的重要媒介。

不同微生物的 DNA 含量存在差异。例如，大肠杆菌的 DNA 含量为细胞干重的 3%～4%，而酵母菌的 DNA 含量约为 0.3%。这反映了微生物在进化过程中对基因组大小和结构的不同适应。

（3）碳水化合物。微生物细胞是微小而复杂的生命体，其生存和功能运转都依赖于碳水化合物这一重要类别的有机分子。在微生物细胞内，碳水化合物主要以多糖的形式存在，同时也有少量的单糖和双糖。这些碳水化合物在微生物细胞中扮演着多种重要角色。碳水化合物参与组成细胞的结构，其中脱氧核糖和核糖是 DNA 和 RNA 的重要组成成分，是遗传信息传递的关键。这些核酸分子在细胞内起着指挥调度的作用，对于微生物的生长和功能运转至关重要。此外，多糖也构成微生物的一些重要结构，如细菌的细胞壁和荚膜等。细胞壁是细菌细胞的外保护层，不仅有助于保持细胞的形态结构，还可以有效地防止细胞崩解，对细菌的存活至关重要。

在微生物细胞内，还贮藏有一定量的碳水化合物，主要以淀粉和糖原的形式存在。这些储存的多糖在微生物的生长稳定期形成，并在需要时充当着内源碳源和能源的角色。这种碳水化合物的储存使微生物能够在环境条件不利或资源稀缺的情况下维持其生命活动，保障其存活和繁衍。

单糖己糖及其衍生物在微生物细胞中也发挥着重要的作用。它们不仅参与细胞壁和细胞膜中多糖的合成，维护着细胞的完整性和稳定性，同时还是微生物生长所需的重要能源来源。另外一种重要的单糖是戊糖，除了作为能源的来源外，它也是核酸的组成成分之一。核酸是细胞内的另一类重要生物大分子，携带着细胞遗传信息的核心。戊糖在核酸的构成过程中发挥着重要的作用，对于维持微生物的正常功能和遗传特性至关重要。

（4）脂类物质。脂类是一类化合物的总称，包括脂肪、磷脂、蜡和固醇等脂溶性化合物。尽管脂类物质在化学结构上各不相同，但它们有一个共同的物理特性，即都不溶于水而溶于有机溶剂。

脂肪是微生物的贮藏物质，通常以油滴的形式存储。微生物细胞中脂肪的含量受到菌种、菌龄和生活条件的影响。在培养基中，高碳氮比有助于脂肪的积累。当生长后期缺乏碳源时，微生物可以利用脂肪作为能源和碳源。某些微生物细胞的脂肪含量非常高，例如，油脂酵母菌的脂肪含量可以达到40%～60%，因此可以用于脂肪的生产。

磷脂是磷酸化的甘油酯，主要存在于微生物细胞膜、内质网膜和线粒体膜中。不同微生物的磷脂化学组成各异。

蜡存在于一些真菌分生孢子的外壁，起到保护作用。

固醇参与生物膜的结构，在真核生物和个别原核生物细胞中存在。酵母菌中的固醇含量较高，它们还是维生素 D 的前体。

（5）维生素。微生物中的维生素主要是水溶性的 B 族维生素。这些维生素在微生物的生理活动中扮演着重要的角色，因为它们是各种酶的活性基的组成部分。不同的微生物合成不同种类的 B 族维生素，例如，酵母菌可以合成多种 B 族维生素。因此，在培养微生物时，可以使用酵母粉或酵母汁作为培养基中 B 族维生素的来源。微生物细胞产生的维生素可以存在于细胞内，也可以分泌到体外。有些微生物类群能够产生大量的核黄素或维生素 B_{12}，这在工业化生产中非常有用。通过利用微生物细胞产生的维生素，人们可以在工业领域中应用这些重要的营养物质。

（6）其他有机物质。微生物细胞是微小生物体中最基本的结构单位，含有许多有机物质，如抗生素、毒素和色素。在生物体内，核黄素、烟酰胺和细胞色素扮演着重要的角色，它们作为辅基参与氧化还原酶的催化过程。抗生素是一类由微生物产生的特异性抗菌物质，能够对特定的细菌产生作用。微生物也能够产生各种毒素，这些毒素分为内毒素和外毒素两类。内毒素是病原菌细胞壁的组成成分，由脂多糖和蛋白质结合而成，只有某些革兰氏阳性细菌会产生内毒素。而外毒素则是病原菌的代谢产物，化学结构通常是蛋白质。这些有机物质在微生物体内起着重要的生物学作用，也对人类健康产生了重要影响。

3. 微生物细胞的矿质元素

微生物细胞是微小生物体内的基本单位，其中矿质元素占据了干物质的3%～10%，这些元素可分为主要元素和微量元素两类。主要元素包括磷、钾、钙、镁、硫和钠，其中磷的含量最高，占50%左右。这些主要元素在微生物细胞中扮演着重要的角色。它们参与细胞结构物质的组成，为细胞提供能量转移所需的物质，以及调节细胞状态和透性。这些元素在微生物体内起着至关重要的作用。

微量元素如铜、锌、锰、硼、钴和钼的含量较少，常作为辅酶和酶的激活剂。微生物对微量元素的需求很少，过量的微量元素对微生物产生毒害作用。微生物对微量元素的摄取和代谢都受到严格的调控，以确保其生长和代谢过程的正常进行。

（二）微生物的营养物质

微生物种类繁多，不同种类的微生物对所需的营养物质有很大差别，但从总体来看，微生物所需要的营养物质主要有：水、碳源、氮源、无机盐和生长因子等。

1. 水分

水是微生物最基本的营养要素，也是构成微生物机体的关键成分，因此微生物的生长和繁殖都离不开水。无论是水生还是陆生微生物，其生命活动都依赖于水的参与。微生物对营养物质的吸收以及代谢产物的排出都依赖水作为媒介，可见水在微生物代谢过程中扮演着重要的角色。

微生物细胞中的水以结合状态和游离状态两种形式存在。结合水因其不易蒸发、不能渗透和冻结等特点，对微生物的生存环境有着稳定的影响。而游离状态的自由水在微生物细胞中充当介质和基本溶剂，同时维持细胞的膨压，保持细胞的结构和功能稳定。

此外，水分也为微生物提供所需的氢氧元素，而水分不足会直接影响微生物的整体代谢过程。因此，在培养微生物时需要特别注意水分的供给。同时，需要留意水中是否含有过多的矿物质，若存在过多的矿物质，应进行相应的转化处理，以确保水质符合微生物生长所需的条件。

在实际应用中，常用的水源包括自来水、井水和河水。而对于某些有特殊要求的情况，例如，实验室研究可能需要使用更纯净的水源，如蒸馏水等，以确保实验结果的准确性和可靠性。

2. 碳源

微生物是一类微小的生物体，其生存和生长都依赖碳源，即为其提供碳素营养的物质。碳源对微生物来说至关重要，因为微生物利用碳源构成菌体的有机物质和贮藏物质。这些碳源可分为无机碳源和有机碳源两大类。

相较于动植物，微生物对碳源的利用广泛性更胜一筹，几乎所有的有机物质都可被微生物利用，这其中甚至包括一些不活跃的碳氢化合物和有毒物质。无机碳源主要存在于空气和土壤中，其中包括二氧化碳和碳酸盐。而有机碳源则涵盖了更广泛的物质，如糖类、醇类、有机酸、烃类、脂类、淀粉、果胶、纤维素等，不同的微生物对于碳素物质有着各自不同的需求。除了利用这些有机物质作为碳源，微生物还可以利用氨基酸作为碳源和氮素养料。在生产和实验室中，常常使用农副产品、工业废弃物以及特定有机物如葡萄糖、蔗糖、麦芽糖和淀粉等作为碳源来培养微生物。碳源在微生物细胞内不仅用于构成细胞结构物质，还用于合成某些次生代谢产物的原料。同时，在碳源的分解过程中，微生物还能获得生命活动所需的能量。

3. 氮源

氮源是微生物所需的一种重要营养物质，它为微生物提供必要的氮素。氮素化合物在生物体中构成蛋白质与核酸等重要成分，因此对微生物的生存和生长至关重要。微生物对氮源的利用可以分为三种类型：无机氮源、有机氮源和 N_2（氮气）。与动植物相比，微生物可以利用多种形式的氮源，其利用范围更为广泛。

无机氮源主要包括铵盐和硝酸盐，这些无机氮化合物几乎被所有微生物利用。而有机氮源则主要是蛋白质、氨基酸等，这些有机化合物可以被微生物快速吸收和利用。在实验室和工业生产中常用的氮源包括铵盐、硝酸盐、尿素、蛋白质水解物等。这些氮源在微生物培养和工业生产中起着重要的作用。

氮源在微生物中具有多种生理功能，它们是合成细胞原生质的重要组成部分，维持微生物细胞的结构和功能。氮源还用于合成生理活性物质，如酶和激素，参与调节微生物的代谢过程。此外，氮源还构成细胞的结构物质，例如，细胞壁和细胞膜的组成成分。氮源还是某些代谢产物的合成原料，参与微生物的代谢途径。

4. 无机盐

矿质元素是构成微生物体内成分的无机盐化合物，主要以无机盐的形式存在。这些元素对微生物的生长至关重要，因为它们在多种生物过程中发挥关键作用。主要的矿质元素包括磷、硫、镁、钾、钠和钙。

（1）磷。磷是构成核酸和磷脂的基本成分，参与碳水化合物的磷酸化过程，产生高能磷酸化合物，从而转移能量。微生物需要较高量的磷，从无机磷化合物中获得，并迅速转化为有机磷酸化合物。此外，磷酸盐还在细胞内和环境中起缓冲和调节 pH 的作用。

（2）硫。硫存在于细胞蛋白质、辅酶和辅基中，是含硫氨基酸的重要组成部分。微生物可以利用硫代硫酸盐作为能源和硫源。有些微生物甚至需要还原型硫化物（如 H_2S 和半胱氨酸）来维持其生长。硫和硫化氢是无机营养的硫细菌的主要能源。

（3）镁。镁是细菌光合色素的组成成分，能够激活或调节某些酶的作用。镁离子对控制核蛋白体的聚合很重要，同时稳定核蛋白体和细胞膜的结构，并能够减轻某些重金属对细胞的毒害。

（4）钾。钾在细胞中以游离状态存在，控制着细胞原生质的胶体状态和细胞膜的透性。细胞内钾离子浓度较细胞外高。钾虽然不参与构成细胞结构，但常用于形成磷酸氢二钾和硝酸钾等化合物，维持微生物正常生长。

（5）钠。钠在细胞中不参与生理作用，而是调节细胞和培养液的渗透压。海洋微生物和嗜盐微生物细胞内含有较高浓度的钠离子，因此在培养这些微生物时常用氯化钠。

（6）钙。钙以离子状态控制细胞的生理状态。它参与调节细胞质膜的透性和酸度，同时对一些阳离子的毒性有拮抗作用。少数微生物在壁或膜外形成钙质的鞘或外壳，常为磷酸钙和氯化钙等。

此外，微量元素对微生物的生长也起着重要作用。这些微量元素包括铁、铜、锌、锰、硼、钴、钼、碘、镍、溴、钒等。它们通常是酶的活性基成分或激活剂。虽然微生物对微量元素的需求量很小，大多数微生物在粗放培养条件下，水和其他营养物质中的微量元素就能满足需求。然而，有些微生物对微量元素的需求较高，在粗放培养条件下仍需在培养基中添加这些微量元素。但过量的微量元素反而对微生物有毒害作用。

微生物对于矿质元素的需求量很小，其元素浓度可分为大量元素（在 $10^{-3} \sim 10^{-4}$ mol/L 范围内）和微量元素（在 $10^{-6} \sim 10^{-8}$ mol/L 范围内）。这些矿质元素在微生物的生长和代谢中发挥着至关重要的作用。

5. 生长因子

微生物是微小的生物体，其生长需要微量的有机物质，这种有机物质被称为生长因子，其中包括氨基酸、维生素和碱基等。这些生长因子在微生物体内具有重要的生理功能，既是酶的组成成分，也是酶活性的基础，同时还具有调节代谢和促进生长的作用。

B 族维生素对微生物的生长至关重要，缺乏这些维生素会导致酶无法正常活动，从而使微生物的生命活动停止。由于不同微生物对生长因子的合成能力存在差异，有些微生物合成能力很强，它们不需要外部供给，能够自主满足需求并大量贮积生长因子。然而，有些微生物的合成能力较弱，它们需要从外部环境中摄取大量生长因子，才能维持正常的生命活动。

为了满足这些微生物对生长因子的需求，一些培养基中添加了少量牛肉膏、酵母膏、马铃薯汁等，这些添加物可以提供微生物所需的生长因子。例如，乳酸杆菌和根瘤菌就可以通过在培养基中加入这些成分来满足其对生长因子的需求，从而保证其正常的生长和繁殖。

二、微生物的营养类型

微生物的营养类型极为复杂，这是因为微生物种类繁多，其对营养物质和能源的需求各不相同。微生物可以利用几乎所有自然界的无机物和有机物，这使它们比其他生物更具适应生存环境的优势。根据微生物对碳源的依赖程度，其营养类型可分为自养型和异养型两大类。自养型微生物能够通过光合作用或化学反应，直接利用无机物合成有机物，例如，植物中的光合细菌和藻类。而异养型微生物则需要从外部环境摄取有机物作为碳源，包括大多数细菌和真菌等。这种多样的营养类型赋予微生物在各种生态系统中广泛存在的能力，并且在地球生命的进化历程中扮演着不可或缺的角色。

（一）自养型微生物

自养型微生物以二氧化碳或无机碳酸盐为唯一或主要碳源。它们无需有机养料，能够在无机环境中存活。然而，将无机碳源转化为细胞有机物质时，仍需能量的推动。根据所需能源的不同，自养型微生物可分为光能自养型微生物和化能自养型微生物。

1. 光能自养型

光能自养型微生物是一类以日光为能源，以 CO_2 为碳源的微生物。它们体内含有光合色素，能够利用日光进行光合作用，将 CO_2 合成有机物质。光合色素包括叶绿体（或菌绿素）、类胡萝卜素和藻胆素，其中叶绿素或菌绿素是主要的光合色素，而类胡萝卜素和藻胆素则充当辅助色素。这一类微生物包括单细胞藻类、蓝细菌、紫硫细菌和绿硫细菌。

在光能自养型微生物中，光合作用存在两种主要方式。一种类似于绿色植物的光合作用，另一种则与绿色植物的光合作用有所不同，如泥生硫菌。藻类和蓝细菌在光合作用中使用水为供氢体，产生有机物质和氧气。相比之下，绿硫细菌和紫硫细菌在光合作用过程中使用硫化氢（H_2S）为供氢体，从而产生有机物质和元素硫。这种光合作用在厌氧条件下进行。这些微生物在自然环境中有着不同的分布特点。藻类和蓝细菌主要在水体表层生长，而绿硫细菌和紫硫细菌则主要存在于富含有机质、CO_2、H_2和硫化物的浅水池塘以及湖泊的次表层水域中。绿硫细菌和紫硫细菌在繁殖过程中依赖从表层透过的蓝绿及绿色等长波光线、无氧环境以及来自底层的硫化物。

光能自养型微生物在生态系统中扮演着重要的角色。它们通过光合作用将日光能量转化为有机物质，维持了生态系统中的食物链和生态平衡。特别是绿硫细菌和紫硫细菌，它们能在缺氧环境中进行光合作用，为一些特殊环境中的生物提供了重要的能量来源。

2. 化能自养型

化能自养型微生物是一类利用无机碳作为主要碳源，并通过无机物氧化产生化学能作为能源的微生物。然而，由于这些微生物的生长速度相对较慢，所以它们受限于从无机物氧化产生能量。特别是一些化能自养型微生物类群，如亚硝酸细菌，其只能在严格的无机环境中生长，因为有机物对它们具有毒害作用。

亚硝酸细菌是一种能够利用氨氧化为亚硝酸产生能量，并将二氧化碳还原为有机物的微生物。同时，硫化细菌和硫细菌也是化能自养型微生物，它们在富含硫的环境中进行自养生活，将H_2S或硫氧化为硫酸，从而获得能量。这些微生物对于一些特定的化学反应具有重要作用。

在实际应用中，细菌冶金是一种利用这样的微生物来溶解贫矿和尾矿中的金属的方法。这些微生物能够将金属以硫酸盐的形式溶解出来，从而提高金属回收率和资源利用效率。

尽管化能自养型微生物在自然界中种类较少，对无机物的氧化具有很强的专一性，但它们的特殊能力仍然为科学家们提供了许多研究和应用的机会。

（二）异养型微生物

以有机碳为碳源的微生物称为异养型微生物，它们不能在完全无机的环境中生活，按其所需能源的不同，可分为光能异养型微生物和化能异养型微生物。

1. 光能异养型

光能异养型微生物是一类具有特征的微生物，它们以日光能源、有机碳或 CO_2 碳源以及有机物供氢体为生长和能量来源。与其他微生物不同，光能异养型微生物具有光合色素，能够利用光合作用将有机碳或 CO_2 转化为细胞物质，而不产生氧气。例如，红螺菌在生长繁殖过程中需要异丙醇作为碳源和供氢体。

光能异养型微生物在能源和营养来源上有其独特之处。它们依赖于有机碳化物，但同时也能够利用光能进行光合作用。这意味着它们具备了双重能量获取途径，使它们能够在复杂的环境条件下存活和繁衍。

光能异养型微生物的发展前景非常广阔。目前，人们已经开始将其应用于净化高浓度有机废水和环境净化领域。这些微生物不仅能够降解有机物，还能够产生大量的菌体蛋白。这为废水处理和资源回收提供了巨大的潜力。

2. 化能异养型

化能异养型微生物是一类以有机碳作为碳源，并通过分解有机物释放能量以获取能源的微生物。其中，细菌是种类最为丰富、数量庞大、分布广泛且作用强大的化能异养型微生物。细菌具有多样的代谢能力，能够利用各种天然有机化合物以及人工合成的有机物作为营养来源。

在营养需求方面，放线菌和其他化能异养型微生物相比，需要一些较为特殊的养分。放线菌常用的培养基之一是高氏 1 号培养基，它为放线菌的生长提供了必要的养分条件。

与细菌相比，真菌对碳源的利用方式略有不同。真菌主要利用淀粉、糊精、果糖、葡萄糖等作为其碳源，而且它们对氮素的利用能力较好，能够高效地利用氮素合成自身所需的生化物质。

化能异养型微生物有一种重要的特性，就是它们能够产生胞外酶。这使它们在许多工业应用中发挥了广泛的作用。例如，在酿酒、制醋以及生产酱油等过程中，化能异养型微生物的胞外酶被广泛地用于有机物的降解和转化，发挥着重要的作用。

三、微生物的营养吸收

微生物是一类具有独立生活能力的微小生物，它们没有像复杂生物体那样专门分化的营养器官，而是依靠细胞表面吸收营养物质来获得所需的能量

和营养。由于微生物细胞体积小，所以它们能够高效地吸收营养物质，并且具有一定的选择性。这主要得益于微生物细胞膜的特性和功能。

微生物细胞膜是一个关键的结构，它由蛋白质和磷脂构成。其中，蛋白质是细胞膜的重要组成部分，它主要包括外周蛋白和固有蛋白。外周蛋白位于细胞膜表面，而固有蛋白则位于细胞膜的双分子层非极性部分。这些蛋白质中的酶分子起着关键作用，参与物质的运输过程。

细胞膜另一个重要的成分是磷脂。磷脂主要构成了细胞膜的双分子层结构，它具有隔膜作用，能够有效地控制物质的通过。

微生物细胞膜通过几种方式来控制物质的吸收。首先是扩散，也就是物质自然趋向于浓度较低的区域的过程。细胞膜还可以通过促进扩散来加速物质的吸收，这是通过细胞膜上的通道蛋白实现的。其次，细胞膜还利用主动运输机制将物质从低浓度区域运输到高浓度区域，这需要消耗能量。最后，细胞膜上的基团移位机制也可以帮助物质的吸收过程。

（一）单纯扩散

单纯扩散也称为被动吸收，是一种由细胞质膜内外营养物质浓度差引起的物理扩散作用。它是一种非特异性的过程，溶质分子会从浓度高的区域扩散到浓度低的区域，直到达到浓度均衡状态。扩散速率受到多种因素的影响，其中包括浓度差、分子大小、溶解性、极性、pH、离子强度和温度。然而，可以通过单纯扩散进行营养物质吸收的物质种类是有限的，主要包括小分子如氧气、二氧化碳、乙醇和氨基酸等，以及非离子性的分子。虽然单纯扩散不需要消耗能量，但它并不是微生物吸收营养物质的主要方式。细胞无法通过单纯扩散的方式选择所需的营养物质，因此它们还依赖于其他机制来实现营养的摄取。

（二）促进扩散

促进扩散是一种与单纯扩散相似但有着关键差异的细胞内外物质运输过程。它们共同的动力源自细胞内外的浓度差，因此都不需要消耗能量。促进扩散与单纯扩散的区别在于前者涉及特定的载体蛋白。这些载体蛋白被称为渗透酶，位于细胞膜上，充当了物质运输的"渡船"，将物质从膜外运输到膜内。这些载体蛋白的作用具有高度的专一性，不同的载体蛋白负责运输不同的营养物质，从而实现细胞对特定物质的有选择的摄取。由于载体蛋白的参与，促进扩散的速度明显比单纯扩散快速，这使细胞能够更加高效地获取所需物质。然而，促进扩散的范围有限，它只能将环境中浓度较高的溶质分子快速扩散到细胞内，直至细胞膜两侧的溶质浓度达到平衡。与此相对，它并不会导致溶质逆浓度差的输送，即不会将细胞内物质排放到环境中。

促进扩散在高营养浓度条件下的微生物生长中起着重要作用，这使微生物能够对周围环境中的营养物质进行选择性吸收，从而适应不同的环境条件。

（三）主动运输

主动运输（主动吸收）是微生物吸收营养的主要方式。它具有两个显著特点：一是主动运输表现出专一性，仅与特定的物质形成养料和载体蛋白之间的配对作用；二是主动吸收过程需要消耗能量，通常依赖于代谢能的推动。这意味着微生物必须耗费能量来完成营养的吸收。

主动运输还表现为逆浓度吸收，微生物通过膜上的特殊载体蛋白逆着浓度梯度吸收营养物质。此过程使微生物能够从低浓度环境中积累高浓度的营养物。同时，主动运输也具有改变反应平衡点的能力，它能够调整养料运输反应的平衡点，以适应不同的生存环境。

在主动运输过程中，载体蛋白位于细胞膜外侧，并选择性地与溶质分子结合。一旦进入细胞内侧，当能量参与时，载体蛋白会发生构型变化，降低与溶质的亲和力，从而释放出溶质。随后，载体蛋白恢复原来的分子构型，并重新转向细胞膜外侧，准备再次结合特定的物质。

主动运输的作用在于帮助生活在低营养环境中的微生物获得浓缩形式的营养物质。这种吸收方式主要用于吸收无机离子、一些糖类、氨基酸和有机酸等营养物质。通过主动运输，微生物能够在稀释的环境中获取所需的养分，从而更好地适应和生存于特定的生态环境。

（四）基团移位

基团移位是一种需要特异性载体蛋白和消耗能量的吸收方式。不同于主动运输，基团移位在运输过程中改变了被运输基质的性质，导致化学变化。通过基团移位，运输养料的同时可以实现其磷酸化。这样磷酸化的糖能立即参与细胞的合成代谢或分解代谢，为细胞能量供给提供了便利。此外，基团移位还能避免细胞内糖浓度过高，因而成为一种经济有效的养料运输方式。

多种糖类可以通过基团移位方式运输，包括乳糖、葡萄糖、麦芽糖、果糖、甘露醇和 N-乙酰葡萄糖胺等。这些不同类型的糖经过载体蛋白的帮助，能够被细胞有效地吸收和利用，满足细胞生存所需的能量和合成需求。

四、微生物的培养基

在微生物学中，培养基是人工配制的，旨在为微生物提供生长、繁殖和产生代谢物所需的环境。这项基础工作对于微生物制品的生产和科研至关重要。自然界中微生物种类繁多，其营养需求各异，因此培养基的调整和改善必不可少，以适应不同微生物的生长需求。一旦培养基配制完成，必须立即进行灭菌处理，以防止杂菌滋生，确保微生物单纯培养。这一过程的精准性和严谨性直接影响到后续实验结果的准确性和可靠性。因此，在微生物学研究中，正确配制并灭菌培养基是取得可靠数据和推进科学进步的重要基础步骤。

（一）培养基的配制要点

配制培养基的目的是分离、培养、研究和利用微生物，因此要配好培养基，必须掌握以下要点：

1. 培养目的明确

微生物的培养在不同的目的下，采用了不同的培养基或成分比例。根据具体的目的，培养微生物可以配制多种不同类型的培养基，包括用于菌体生长、代谢产物获取、实验室研究或大规模生产等。

在培养菌体的过程中，增加培养基中的氮含量可以极大地促进蛋白质的合成。而如果目标是获取不含氮的有机酸或醇类代谢产物，培养基中的碳源比例需要较高。相反地，如果目标是获取含氮的氨基酸类代谢产物，那么氮源的比例就要更高一些。举例来说，当酵母菌用于生产乙醇时，菌体生长阶段需要充足的氮源，以支持其繁殖生长。然而，在发酵产生乙醇的阶段，限制氮源的供应是必要的，以控制菌体的生长，从而更好地促进乙醇的产生。

对于实验室用途的培养基，通常并不需要过于关注成本，因此可以使用较为常见的农产品作为原料。然而，在生产发酵培养基时，为了降低成本，可采用一些替代原料，如植物淀粉、纤维水解物、废糖蜜等。

对于碳源和氮源的选择，有许多可供选择的原料，如薯干淀粉、玉米粉、葡萄糖、花生饼粉、黄豆粉、尿素、棉籽饼粉、玉米酱、豆饼、酒精、蚕蛹粉等，可根据实际需要灵活选用。

2. 选择适宜的营养物质

制备培养基是微生物学中至关重要的一步，它为微生物的生长和繁殖提供了必要的营养和环境条件。在制备培养基时，应先根据微生物的特性和培养目的，选择所需的物质。微生物的营养物质包括碳源、氮源、矿质元素、水和生长因子等。不同的微生物对这些物质的需求有所差异。碳源是微生物生长所必需的，自养型微生物通常可以利用简单无机物如 CO_2 作为碳源，因为它们具有较强的合成能力。而异养型微生物则需要有机物作为碳源，并根据微生物的种类选择适当的有机物质。氮源的选择也十分重要。自生固氮微生物的培养基不需要添加氮源，否则会丧失固氮能力，而自养型微生物则利用无机氮。对于异养型微生物，可以选择无机的或有机的氮源。实验室中常用的无机氮源包括铵盐和硝酸盐，而有机氮源则可以使用蛋白胨、酵母膏等。

此外，有些特定微生物可能需要特殊的培养基，因为它们对环境条件有特殊要求。这可能包括温度、pH 值、氧气含量等。在制备培养基时，需要根据微生物的需求进行调整和优化，以提供最适合其生长的环境。

在培养某些微生物时，可能需要添加特定的生长因子以促进其生长。生长因子是一种微生物所需的特定有机化合物，如维生素、酶、辅酶等。如果微生物在自然环境中无法合成这些物质，我们就需要在培养基中添加它们，以确保微生物可以正常生长和繁殖。

3. 注意各成分比例与浓度

微生物的生长和代谢产物的产量受到培养基中各种营养物质比例的影响。在配制培养基时，必须注意营养物质的浓度和比例，因为某种物质过量或不足会影响微生物的生长和代谢过程。

一般来说，微生物在高浓度环境中生长能力较差。例如，高浓度的蔗糖会抑制微生物的生长。此外，有机物和矿物元素浓度也需要适度控制。微生物对碳源和氮源的配比要求不同，这点尤为重要。营养物质的碳氮比为 20～25:1 时，这个比例有利于大多数微生物的生长。在微生物的细胞中，细菌和酵母菌的碳氮比约为 5:1，而霉菌的碳氮比约为 10:1。

因此，合理调配培养基中碳源和氮源的比例对微生物的生长至关重要。

通过控制碳源和氮源的比例，可以优化微生物的生长条件，提高其产量和产物质量。此外，还需要控制其他营养物质的浓度，以保证微生物获得适宜的生长环境。

4. 调节好适宜的 pH 值

培养基中的酸碱度对微生物的生长和代谢非常重要。微生物对环境的 pH 非常敏感，适宜的 pH 有利于它们的生长和代谢，而不适宜的 pH 则会抑制它们的生长和代谢。为了调节培养基的 pH，可以使用氢氧化钠、石灰、盐酸或过磷酸钙等化学物质。不同类型的微生物对 pH 的要求也有所不同。例如，放线菌和细菌适宜在中性至微碱性的 pH（7.0～7.5）范围内生长，而酵母菌和霉菌则适宜在偏酸性的 pH（4.5～6.0）范围内生长。

在配制培养基时，需要注意培养基经过灭菌和微生物生长后易变酸的情况。因此，在灭菌之前，培养基的 pH 应略高于所需的 pH，以便在后续的过程中能够保持适宜的酸碱度。此外，微生物的代谢产物会影响培养基的 pH，因此需要重视调节。

不仅在实验室中，工业生产中也非常重视调节培养基的 pH，这对微生物的生长和产酶过程至关重要。为了提供营养作用和缓冲性，通常会添加一定量的缓冲物质到培养基中。常用的缓冲剂有磷酸氢二钾和磷酸二氢钾。这些缓冲剂可以稳定培养基的 pH，使微生物能够在适宜的环境中进行生长和代谢。

对于产酸能力较强的微生物培养基，还需要加入碳酸钙来中和产生的酸。这样可以保持培养基的适宜 pH，并为微生物提供一个良好的生长环境。

5. 调整适宜的氧气与二氧化碳的浓度

氧气是好氧性微生物的必需营养，但对于专性厌氧微生物来说，它是有害的。为了培养专性厌氧微生物，还需要添加还原剂，例如胱氨酸、巯基乙酸钠、Na_2S 和抗坏血酸等。这些还原剂可以帮助维持适宜的氧气水平。而在培养自养型微生物时，可以使用 $NaHCO_3$ 来增加二氧化碳含量，从而提供碳源。但是，在好氧条件下，不能使用这种方法，因为二氧化碳会迅速散失，导致培养基呈碱性。因此，合理调节氧气和二氧化碳的含量，对于不同类型的微生物培养至关重要，须确保其适应环境并保持正常生长。

（二）培养基的类别划分

培养微生物是一项重要的实验技术，在微生物学研究和工业应用中发挥着关键作用。为了成功培养微生物，需要提供适当的营养物质和合适的培养基。培养基分为以下类别：

1. 依据营养物质划分

（1）天然培养基。天然培养基是使用天然有机物配制而成的，具有营养物质丰富的优点。在这种培养基中，微生物可以获得多种需要的营养物质来生长和繁殖。然而，天然培养基的一个缺点是其化学成分通常不太清楚且不够稳定。因此，在实验中使用天然培养基时需要小心，以确保实验结果的可靠性。

（2）合成培养基。合成培养基是完全使用已知成分的化学药品配制而成的。这种培养基适用于自养型微生物的培养，因为可以精确控制培养基的化学成分和浓度。通过调整不同的成分，可以提供微生物所需的特定营养物质并满足其生长的需求。然而，对于一些特定类型的微生物，特别是营养较为复杂的微生物，合成培养基可能不足以满足其生长需求。

（3）半合成培养基。半合成培养基是一种结合天然有机物和已知成分化学药品的培养基。它在无法完全合成所需成分的情况下提供了一种折中的选择。这种培养基广泛适用于大多数微生物，因为它既提供了一些天然有机物的优势，又通过添加化学药品来满足特定微生物的生长需求。

2. 依据物理状态划分

（1）固体培养基。固体培养基是一种在液体培养基中加入凝固剂或使用固体原料制成的培养基。它可以分为两类：一类是由植物原料和无机盐组成的常用固体培养基；另一类是在溶解的培养液中加入凝固剂以固化的培养基。

为了达到良好的效果，优良的凝固剂应具备多种特点：① 不能被微生物利用分解，以确保培养基的稳定性；② 具有良好的稳定性，不易被破坏，以保持培养基的凝固状态；③ 具有强黏着力和良好的透明度，以便于观察培养基上的微生物的生长情况；④ 使用量少且来源方便、价格低廉、使用方便；⑤ 与培养基的成分不发生化学反应。

目前，在实验室中最常用的凝固剂是琼脂。琼脂具有一系列理想的特性，例如，熔点为96 ℃，凝固点为40 ℃，微酸性以及无毒性等。通常情况下，琼脂的加入量为1.5%～2%，可以在热熔化和冷凝固之间转化。

由琼脂制成的固体培养基被广泛应用于微生物的分离、鉴定、保藏、活菌计数以及观察菌落特征等实验。它为研究人员提供了一个稳定的平台，以

便于观察微生物的生长和变化，为后续的实验提供基础数据。

（2）液体培养基。液体培养基是一种将营养物质溶解于水中的营养液，被广泛用于发酵工业和实验室研究。这种培养基的特点在于能够均匀分散营养物质，使其与微生物充分接触，并溶解微生物代谢产物。

（3）半固体培养基。半固体培养基是在液体培养基中添加琼脂，使其具有一定的凝固性。当容器倒放时，半固体培养基不会流动，但在剧烈振荡后会破散。因此，半固体培养基常被用于观察细菌的运动、菌种保存、细菌对糖类的发酵能力以及噬菌体的效价测定等实验。这种培养基的特性使研究人员能够更清晰地观察和研究微生物的行为和特性。

3. 依据培养基的用途划分

（1）基础培养基（常用培养基）。基础培养基是微生物学中常用的一种培养基，它含有微生物所需的各种营养物质，因此被广泛应用于微生物的培养和繁殖。基础培养基的组成是经设计用来满足微生物基本营养需求的，同时也可以作为专用培养基的基础成分，为其他有特殊需求的培养基提供支持。

（2）选择培养基。选择培养基含有一些特定的化学物质，这些化学物质能够抑制其他菌的生长，从而促进特定微生物的繁殖。因此，选择培养基常被用于菌种的分离和筛选。通过选择性的作用，选择培养基可以使目标微生物得到更好的生长环境，并排除其他竞争菌种的干扰，从而更好地分离和纯化目标微生物。

（3）鉴别培养基。鉴别培养基是另一种常用的培养基类型，它含有一些指示剂或化学药物，能够使不同微生物在培养基上出现明显的差别。通过这些明显的差别，鉴别培养基可以用于区分不同的菌种和检测特定的生理变化。例如，某些鉴别培养基可以根据微生物产酸或气体的变化而显示不同的颜色或气泡，从而帮助微生物学家鉴别微生物的特性。

（4）加富培养基。加富培养基是一种在基础培养基中添加特定营养成分的培养基，旨在促进特定微生物的生长。通过应用加富培养基，科学家们能够从自然界中分离出他们感兴趣的目标微生物。例如，他们可以使用特定配方的培养基来分离石油酵母等微生物。

加富培养基利用微生物对营养物质的特殊需求来促进它们的生长。例如，无氮培养基可以用来富集和分离固氮菌，而纤维素可以作为唯一的碳源来富集纤维素产生菌。此外，为了促进目标菌的生长，加富培养基中还可以添加抑制杂菌生长的物质。常见的抑制剂包括染料、抗生素和脱氧胆酸钠等。

然而，并非所有的微生物都可以在一般的培养基上生长。对于某些专性寄生物，如病毒，科学家们需要使用特殊的培养方法。例如，他们可以使用鸡胚培养、细菌培养或动物培养来提供适合这些微生物生长的环境。

第二章

极端环境微生物及其开发利用

第一节　嗜盐微生物在不同领域中的应用

一、运城盐湖中的嗜盐菌

　　运城盐湖是中国山西省运城市境内的一片盐湖，也是中国重要的盐业资源之一。2023 年 5 月 16 日，习近平总书记在考察运城盐湖时指出，盐湖的生态价值和功能越来越重要，要统筹做好保护利用工作，让盐湖独特的人文历史资源和生态资源一代代传承下去，逐步恢复其生态功能，更好保护其历史文化价值。从微生物生态的角度来看，运城盐湖是一个充满了微生物的生态系统，其中存在着各种适应高盐环境的微生物。在运城盐湖的高盐环境中，细菌、古菌和真菌等微生物可以生存和繁殖。这些微生物具有耐受高盐浓度的特殊机制，使它们能够在其他生物难以生存的极端环境中生存下来。一些盐湖微生物具有产盐的能力。例如，盐湖中的一些细菌可以通过吸收水中的盐分，将其转化为结晶的盐。这些微生物通过这种方式参与了盐湖盐分的循环。此外，运城盐湖中的微生物也对盐湖生态系统的平衡和稳定起着重要作用。它们通过分解有机物质、参与氮循环和氮固定等过程，为其他生物提供营养物质，并参与能量流动和物质循环。

　　在自然界的盐湖高盐度环境中，大多数生命形式很难生存。然而，一些特殊的微生物种群——嗜盐/耐盐微生物却能在这种极端环境中存活。这些微生物具备独特的代谢机制和群体特点，使其能够在高盐环境中生存繁衍。更令人惊奇的是，它们繁衍了一系列具有特殊功能和作用的代谢产物。这些代谢产物不仅具有在自然环境中发挥重要作用的可能，而且在人类领域也具有巨大的潜在开发利用价值。

（一）嗜盐菌的概念界定

嗜盐菌是一类对盐有着特殊需求的微生物，在其独特的生理结构和代谢机制中展现着与众不同的特性。对于科学研究和实际应用而言，嗜盐菌产生的特殊生物活性产物具有重要的价值。研究者们聚焦于探索嗜盐菌的机理，包括其细胞膜稳定性、代谢途径和信息传递等，以使其能够在高盐环境中得以生存和繁衍。

在嗜盐菌的广泛应用中，特别受到关注的是其在发酵生产工艺中的应用。通过利用嗜盐菌，生产过程中产生的费用得到有效降低，污染问题得到有效解决。此外，嗜盐菌还表现出在高盐污水处理和电子领域具有潜在的应用前景。

根据微生物生长对盐的依赖程度，嗜盐微生物被划分为非嗜盐、微嗜盐、中度嗜盐和极端嗜盐微生物。嗜盐菌主要分布在高盐环境，如盐湖、盐池及海洋等地。中国的青海、西藏、新疆、内蒙古地区的盐湖和东南沿海地带被认为是嗜盐菌的主要分布区域。

嗜盐菌最显著的特征则是必须在一定盐度条件下才能正常生长，一旦低于该盐度，细胞壁可能处于不完整状态，从而影响其生存能力和代谢活动。

（二）嗜盐菌的培养方法

近年来，研究人员在提高未培养细菌可培养性方面取得了一些重要进展，开发了一些新的分离培养方法。

（1）通过添加生物信号分子来模拟微生物之间的相互作用回路，从而满足它们的生长和繁殖需求。通过在培养基中添加微生物相互作用的信号分子，如cAMP、ATP或酰基丝氨酸内酯，可以使一些细菌更容易被培养出来。

（2）稀释培养法。在自然环境中，微生物所需的营养成分往往非常稀少，高浓度营养的培养基可能对寡营养微生物产生抑制作用。稀释培养法通过降低营养成分含量，缓解这种抑制作用，从而增加寡营养细菌的可培养性。这种方法在海洋和土壤微生物的分离培养中得到了应用。

（3）高通量分离培养技术。这种技术可以大规模地分离海洋中的微生物，并培养出约14%的菌株，远高于传统方法的效率。因此，高通量分离培养技术对海洋未培养微生物的研究具有重要意义，可显著提升培养效率。

（4）降低培养过程中产生的有毒物质。在纯培养过程中，一些菌株可能会产生有毒代谢产物，对其他菌株造成抑制，降低低丰度菌株的生长。为了解决这一问题，研究人员采取了降低培养过程中有毒物质产生的方法。他们在培养基中加入某些物质，如丙酮酸钠、甜菜碱、超氧化物歧化酶和过氧化氢等，可以降解有毒物质，减轻其对其他菌株的影响，从而提高微生物的可培养性。

（5）富集培养法。通过在培养基中添加特定物质，促进目标菌株的生长，使其在培养物中丰度增加，更容易被分离得到。这种方法对其他菌株没有促进效果，有时甚至会产生抑制。例如，在海洋泉古菌门的研究中，利用富集培养基成功地分离出了新的古菌——海岸亚硝化侏儒菌。

尽管上述方法在提高微生物的可培养性和增加种类方面取得了一定的成功，但仍然只能分离培养自然界微生物群的一小部分。因此，继续探索新的方法和改进培养条件是微生物研究的重要方向。在未来，研究人员需要不断努力，以期能够更全面、更高效地培养出更多未知的微生物种类，从而更好地理解微生物的多样性与功能，为人类提供更多潜在的应用领域，带来更多的益处。这些研究努力有望推动微生物学领域迈向新的里程碑，并带来更深远的科学进步。

（三）容易被人忽视的嗜盐微生物群体——盐湖噬菌体

有数量巨大的病毒存在于生命的所有三个领域中。病毒在各种环境中的碳和营养循环中发挥着积极的作用，在某些极端环境中，病毒在宿主细胞进化[①]中发挥着重要的作用。盐湖是一个盐浓度很高的极端环境。耐盐的生物体，如嗜盐古菌和细菌，已经进化出适应高盐环境的特殊机制。随后，大量的嗜盐病毒与嗜盐古菌和细菌共同进化[②③]。目前，已经报道从高盐环境中分离出 100 多个嗜盐噬菌体。大多数宿主是嗜盐古菌，只有 10 株病毒株有嗜盐细菌宿主[④]。分离的耐盐噬菌体具有如下几种形态类型：头尾收缩（肌病

① FOREST R, REBECCA V T. Viruses manipulate the marine environment［J］. Nature, 2009, 459: 207-212.

② PRIYA N, SHEILA P, JUAN A U, et al. De novo metagenomic assembly reveals abundant novel major lineage of archaea in hypersaline microbial communities ［J］. The ISME journal, 2011, 6(1): 81-93.

③ FRANCISCO R V, ANA B, MARTIN C, et al. Explaining microbial population genomics through phage predation ［J］. Natare precedings, 2009, 7(11): 828-836.

④ ATANASOVA N S, OKSANEN H M, BAMFORD D H. Haloviruses of archaea, bacteria, and eukaryotes ［J］. lurrent opinion in microbiology, 2015, 25: 40-48.

毒科，*Myoviridae*）、头尾不收缩（虹病毒科，*Siphoviridae*）、头尾短（足尾病毒科，*Podoviridae*）、多形性（多形病毒科，*Pleolipoviridae*）、球形（球脂病毒科，*Sphaerolipoviridae*）和纺锤形（黄病毒科，*Fuselloviridae*）等[①]。

针对运城盐湖中的嗜盐噬菌体资源，可以采用 SYBR Green I 荧光染色法检测其中的病毒丰度。采用双层平板法，可筛选嗜盐细菌或古菌的噬菌体。目前我们已经报道了 2 株嗜盐噬菌体。其中一株命名为 YXM43[②]。研究结果表明，该嗜盐噬菌体在运城盐湖中的丰度较高。新分离的噬菌体 YXM43 宿主范围较窄，最适合的宿主是分离自运城盐湖的 *Salinivibrio* sp.YM-43。经过纯化和富集后，可以看到 YXM43 为一个直径约为 30 nm 的球形颗粒，无尾。YXM43 中未见脂质包膜。该病毒的衣壳蛋白可分为 7 种分子量为 62.0～13.0 kDa 的蛋白质。YXM43 是一种 DNA 病毒，其基因组约为 23 kb。该病毒可以耐受较低的盐度环境，其温度在 60 ℃且 pH 为 10 时活性最高。另外一株已经报道的嗜盐噬菌体是 JMT-1[③]。JMT-1 是新报道的一株耐盐噬菌体，同样具有球形形态，无尾，直径为 30～50 nm。JMT-1 的宿主范围很广，研究表明该噬菌体可以感染至少 5 种嗜盐细菌，最适宿主是课题组分离自运城盐湖的 *Chromohalobacter* sp.LY7-3。采用 SDS-PAGE 电泳分析 JMT-1 蛋白，可以检测到 6 个蛋白。JMT-1 是一种具有 dsDNA 的噬菌体，其基因组长度约为 23 kb，对限制性内切酶 *Bam* I、*EcoR* I、*Hind* III和 *Kpa* I 敏感。JMT-1 对氯仿很敏感，但对温度、pH 和低盐浓度不敏感。JMT-1 是一种球形烈性耐盐噬菌体，宿主范围广，对特定的极端环境具有耐受性。这些数据可以为研究极端环境中的噬菌体资源提供参考。

二、嗜盐微生物在化工生产领域中的应用

极端环境微生物在生物技术领域中发挥着重要作用，这是因为它们具备对极端条件的耐受性。这些微生物经常被用于生产特殊的酶和蛋白质，这些酶和蛋白质在常规条件下难以获得。

---

① ALISON L, TIMOTHY W, SUSANNE E, et al. Viruses of haloarchaea [J]. Life, 2014, 4(4): 681-715.

② Chuan-Xu Wang, Ai-Hua Zhao, Hui-Ying Yu, et al. Isolation and characterization of a novel lytic halotolerant phage from Yuncheng saline lake [J]. Indian journal of microbiol, 2022, 62(2): 249-256.

③ Chuan-Xu Wang, Xin Li. JMT-1: a novel, spherical lytic halotolerant phage isolated from Yuncheng saline lake [J]. Brazilian journal of microbiology, 2018(49): 262-268.

在工业应用中，淀粉酶扮演着至关重要的角色，它是一类用于水解淀粉和糖原的酶，广泛应用于食品加工、焙烤、发酵、纺织、轻工业和医药产业等领域。事实上，工业酶产量的85%以上都是淀粉酶。然而，由于工业生产条件的严苛性，例如，高温、酸碱和重金属等因素，淀粉酶的应用受到一定限制。这些条件导致酶的稳定性下降、活力损失以及使用寿命的减少和效率的降低。

为了克服淀粉酶在苛刻环境中的局限性，研究者们将目光投向了嗜盐细菌这一极端微生物资源。嗜盐细菌因其对高盐环境具有强适应性而备受瞩目，它们产生的酶常常具有耐盐、耐高/低 pH、耐有机溶剂等特性，而且在外部条件变化时仍保持较高的活性。

近年，人们将研究的注意力转向嗜盐微生物，其产生的多种功能酶也相继被报道，但相关报道仍然较少。"本研究采用稀释涂布平板法，从运城盐湖中分离获得了一批嗜盐微生物菌株，采用底物平板法筛选得到一株高产胞外淀粉酶的菌株。"[①]为进一步了解这一菌株的特性，研究者进行了 16S rRNA 基因的克隆和测序，并对其进行了对比分析和分类学鉴定。这一步骤有助于确认其在微生物界的分类位置和亲缘关系。同时，研究者还对该菌株产生的胞外淀粉酶的酶活特性进行了初步研究。研究包括酶的催化能力、底物适应性和反应条件等方面，有助于揭示该淀粉酶的生物学特性以及在工业应用中的潜在优势。在此基础上，克隆该菌株的 16S rRNA 基因并测序，对该基因序列进行对比分析，利用分析结果进行简单的分类学鉴定，同时对其产生的胞外淀粉酶的酶活特性进行初步研究。

（一）材料与方法

1. 材料

（1）菌种、培养基以及培养条件。菌种及培养条件方面，研究人员选择了来自运城盐湖的黑泥样品中分离得到的菌株 X50 进行实验。在培养过程中，他们采用了 CM 液体培养基，该培养基的成分包括酸水解酪蛋白、柠檬酸三钠、酵母浸出物 10.0，$FeSO_4 \cdot 7H_2O0.01$，KCl2.0，$MgSO_4 \cdot 7H_2O20.0$，NaCl100.0，pH7.5。为了进一步培养菌株 X50，研究人员还使用了 CM 固体

---

① 王传旭，于慧瑛，曹建斌，等.1 株产淀粉酶嗜盐细菌 X50 的分类鉴定及其粗酶活特性研究［J］. 微生物学杂志，2017，37（1）：78-82.

培养基，相比液体培养基，CM 固体培养基添加了 2%质量分数的琼脂，以提供固体支撑。在筛选菌株的过程中，研究人员对 CM 固体培养基进行了改良，添加了 1%质量分数的可溶性淀粉。在这些培养条件下，菌株 X50 在恒定的 37 ℃温度下，以 150 r/min 的振荡速度培养 3 d。

（2）主要试剂及仪器。培养基所需的蛋白胨、酵母粉、琼脂糖等试剂以及实验中常用的 PMSF、EDTA 等药品都是从北京奥博星生物技术有限公司购买的。而 DNAmarker、DNA 聚合酶、PCR 引物等则购自大连 TaKaRa 公司。

在实验过程中，研究人员使用了多种仪器，包括 PCR 扩增仪、高速台式冷冻离心机（湖南湘仪）、立式压力蒸汽灭菌锅 LDZX-50K（上海申安医疗器械厂）、电泳仪 DYY-6C（北京市六一仪器厂）以及电热鼓风干燥培养箱 101-51ES（汗诺仪器）。这些仪器为研究人员提供了必要的实验支持，确保实验的稳定性和准确性。

2. 方法

（1）菌株 X50 的 16S rRNA 基因序列比对分析。使用菌株 X50 的总 DNA 作为模板，利用细菌通用引物进行 16S rRNA 基因的 PCR 扩增。这些引物包括正向引物（27f）：5'-GAGTTTGATCCT-GGTCAG-3'和反向引物（1 540r）：5'-AAGGAGGT-GATCCAGCCGCA-3'.

PCR 体系包括基因组总 DNA、PCR Buffer、dNTPs、正反向引物、Taq DNA 聚合酶和水。PCR 扩增条件是：在 95 ℃中进行 6 分钟的初始变性步骤，然后 35 个循环，每个循环分别在 95 ℃中进行 30 秒的变性步骤，在 50 ℃中进行 30 秒的退火步骤，在 72 ℃中进行 45 秒的延伸步骤，最后在 72 ℃中进行 10 分钟的最终延伸。

PCR 产物随后送交北京三博远志生物技术公司进行测序。测序结果随后提交至 GenBank 获得基因登录号，并进行 Blast 比对分析，以验证和确认 16S rRNA 基因序列。

在比对分析的基础上，研究团队选择了同源性较高的相关序列，使用 Bioedit 软件进行多重序列比对，以寻找与菌株 X50 相似的序列。他们利用 MEGA5.0 软件制作了系统发育树，并对菌株 X50 进行了系统发育分析，从而了解其在系统发育学上的分类和进化关系。这项研究将为菌株 X50 的生物学特性和分类学地位提供重要的分子生物学信息。

（2）菌株 X50 产淀粉酶检测。在筛选 CM 固体培养基上对菌株 X50 进行了 37 ℃划线培养 2 d，以确保菌株生长繁殖。

（3）粗酶液的制备。菌株 X50 在液体 CM 培养基中培养了 48 小时。随后，研究人员通过离心处理发酵液，得到了上清液，这将作为粗酶液的来源。粗酶液可以储存在温度 4 ℃以下，或者可以立即用于后续实验分析。

（4）淀粉酶活性测定。为了测定淀粉酶的活性，将筛选 CM 固体培养基倒入培养平板，并加入 1%可溶性淀粉。然后，在牛津杯中注入粗酶液，并在 28 ℃中培养 2～3 天，以观察透明圈的形成。透明圈的大小与淀粉酶的活力相关。

此外，研究人员还探究了淀粉酶的最适作用条件。他们使用杯碟法检测了不同温度下透明圈的直径，并绘制了温度—相对活性曲线，以确定淀粉酶最适作用温度。类似地，通过配制不同 pH 缓冲液来检测淀粉酶在不同 pH 中的活性，绘制了 pH—相对活性曲线，从而找出淀粉酶的最适作用 pH。此外，还在不同盐浓度中检测了淀粉酶的活性，并绘制了盐浓度—相对活性曲线，以确定淀粉酶的最适盐度条件。

除了最适条件的研究外，研究人员还关注了影响粗酶活性的物质。他们研究了不同金属离子、EDTA、DEPC 和 PMSF 对粗酶活性的影响，并绘制了离子/化合物—相对活性曲线，以了解这些物质对淀粉酶活性的调节作用。

（二）结果与分析

1. 菌株 X50 的分类学鉴定

通过 PCR 扩增菌株 X50 的 16S rRNA 基因，成功获得了大小为 1 462 bp 的基因片段。为了进一步了解这个基因片段的信息，他们将测序结果提交至 GenBank，并获得了登录号 KM974802。随后，他们使用 MEGA5.0 软件对这个基因片段进行比对，并构建了系统进化树。

菌株 X50 与 *Thalassobacillus* 属内其他菌株的同源性非常高，可达到 98.0%～99.0%。通过系统发育分析的结果，科学家们确认了菌株 X50 的分类位置，它被归属于 *Thalassobacillus* 属。因此，科学家们将这个菌株命名为 *Thalassobacillus* sp.X50。这项研究为深入了解 *Thalassobacillus* 属的多样性和进化关系提供了有价值的数据。

2. 菌株 X50 产胞外淀粉酶活性检测

将菌株 X50 划线接种于含淀粉的筛选 CM 固体培养基，培养 2 d，将筛选培养基用卢戈氏碘液显色并观察透明圈。结果显示菌株 X50 的菌落周围出现明显的无色透明圈，表明其产生了胞外淀粉酶。

3. 粗酶特性研究

（1）淀粉酶最适温度、pH 和盐度。菌株 X50 所产淀粉酶对温度的适应性非常出色。其活性受温度影响不大，最适温度低于 40 ℃，并在 60 ℃ 以下表现出较强的活性。在高达 100 ℃ 以上的极端高温条件下，该酶仍然保持高活性，表现出良好的耐热性。这种稳定性使 X50 菌株的淀粉酶在高温工业生产过程中有着广泛的应用潜力。

菌株 X50 所产淀粉酶在不同 pH 中也表现出极佳的适应性。最适反应 pH 为 6.0，但在 pH4.0～12.0 范围内保持高活力。即使在强酸和强碱环境中，该酶也表现出较广泛的 pH 适应性，不会受到明显的抑制作用，维持了较高的活性水平。

此外，X50 菌株产生的淀粉酶在无 NaCl 条件下活性最强。而在 0～25% 盐浓度范围内，NaCl 浓度并不影响酶的活性，显示出对盐浓度的稳定性。这使该酶在不同的盐浓度环境中都能保持活性，为应用于不同工业场景提供了更大的灵活性。

（2）金属离子等对粗酶活性的影响。在最适酶反应条件下，Hg^{2+} 并不影响淀粉酶的活性，但其他金属离子和化合物却对酶活性产生不同程度的抑制作用。其中，Mg^{2+} 和 PMSF 对酶的抑制作用尤其明显，尽管如此，酶仍保有一定的活性。然而，大部分金属离子、DEPC 和 ED-TA 对酶活力的影响并不明显。这意味着，X50 菌株产生的胞外淀粉酶对这些金属离子和部分酶抑制剂不敏感，依然具有相对稳定的活性特点。

（三）讨论

Thalassobacillus 属嗜盐菌株 X50 产生的胞外淀粉酶在结构上与其他微生物淀粉酶存在共性，但也具有一些差异，这些差异可能导致更稳定的特性。嗜盐微生物产生的功能酶在现代生物工程领域有着广泛的应用，但对于嗜盐细菌产淀粉酶的研究仍然相对不够深入，相关报道也相对较少，因此对其酶学特性及作用机理的了解还不足。

通过研究发现，嗜盐菌株 X50 产生的淀粉酶具有良好的稳定性。该酶可以在较大的 pH 范围内保持活性，在较大的温度变化，金属离子和部分化合物的作用下仍能保持其稳定的活性。这种优异的稳定性为其应用提供了更广阔的前景。

此外,*Thalassobacillus* 属嗜盐菌株 X50 的分类鉴定和淀粉酶活性分析为运城盐湖生物资源的开发提供了有价值的参考。这一发现可能有助于开发其他具有产淀粉酶能力的功能性嗜盐微生物。在食品、医药等领域,这些功能性嗜盐微生物有着潜在的应用价值,可以用于生产和改良各种产品。

三、嗜盐微生物在环境修复领域中的应用

极端环境微生物是指能够在极端条件下存活和繁殖的微生物群体。它们存在于极端温度、压力、酸碱度、干旱和高盐度等极端环境中。这些微生物对环境修复和废物处理具有潜在的应用价值。

在环境修复方面,极端环境微生物展现出了惊人的能力。一些极端嗜热微生物具有降解有机废物和石油类物质的能力。它们能够在高温环境中生存,并利用有机废物作为能源和碳源进行代谢活动,降解有毒物质,从而减少环境污染。这种特性使它们在处理石油泄漏事件中具有潜在的应用价值。通过利用这些微生物,可以加速石油泄漏地区的污染物降解过程,促进环境的恢复。

此外,一些极端嗜盐微生物对处理含盐废水和盐碱地的修复也发挥着重要作用。盐碱地是指土壤含有过多盐分和碱性物质,导致土壤质量下降,不利于农作物的生长。极端嗜盐微生物能够耐受高盐浓度,并利用废水中的盐分作为能源进行生长和代谢活动。它们可以通过降解盐分和改善土壤结构,促进盐碱地的修复,提高土壤质量,为农业生产提供良好的土壤环境。

四、嗜盐微生物在医学和微生物学领域中的应用

"嗜盐微生物的抗菌作用有极大的研究与开发空间,发掘与利用盐湖微生物的代谢产物资源,已经成为医学和微生物学的重要课题。本研究从山西运城盐湖分离获得了一株对尖孢镰刀菌(3.6855)具有明显抗性的芽孢杆菌 AF-1,对其进行分类鉴定,研究其发酵上清液的抗菌活性及稳定性,利用 PCR 技术对 AF-1 基因组进行聚酮合酶(PKS)基因的筛查研究。"[①]

---

① 王传旭,于慧瑛,赵爱华,等. 一株盐湖芽孢杆菌 AF-1 的鉴定及其抗尖孢镰刀菌活性研究 [J]. 云南大学学报(自然科学版),2019,41(1):164-171.

（一）材料与方法

1. 菌株与培养条件

菌株 AF-1 是从运城盐湖的黑泥样品中分离出的。实验室保存了尖孢镰刀菌的菌株，该菌株购自中国普通微生物菌种保藏管理中心（CGMCC），具有分离号 HA006 和生物危害等级 3 类的标号 3.685 5。

在抗菌活性分析中，研究人员采用了马铃薯 PDA 培养基。该培养基的制备步骤如下：取 200 g 去皮马铃薯并切成小块，加入 1 000 mL 水，在沸水中煮 20 分钟，然后用纱布过滤并加入 20 g 葡萄糖，最后在 121 ℃中进行湿热灭菌处理，处理时间为 20 分钟。

为了活化尖孢镰刀菌，研究人员使用了 YPD 培养基。该培养基的组成包括 20 g 酵母浸粉、10 g 蛋白胨和 10 g 葡萄糖，加水至 1 000 mL，然后在 121 ℃中进行湿热灭菌处理，处理时间为 20 分钟。

2. 主要仪器和试剂

在实验室中，所使用的常用试剂来源主要包括琼脂糖、蛋白胨、酵母粉、NaCl 和 EDTA 等，这些试剂都是从北京奥博星生物技术有限责任公司购买的。而在 DNA 提取纯化方面，实验室从上海生工生物工程有限公司购买试剂盒。此外，DNAMarker、DNA 聚合酶、引物等则是从大连 TaKaRa 公司采购得来。

为了开展实验，实验室配备了一系列主要仪器。其中包括立式压力蒸气灭菌器（LDZX-50K），这款来自上海申安医疗器械厂的设备用于灭菌操作。PCR 扩增仪则来自美国 Bio-Rad 公司，它在基因扩增过程中起着关键作用。为了分析扩增产物，实验室配备了凝胶成像系统（Tanon-1600，产自上海天能公司）。另外，高速台式冷冻离心机（TGL-16M，产自湖南湘仪）用于离心分离，电泳仪（DYY-6C，产自北京市六一仪器厂）用于 DNA 片段的电泳分析。

3. AF-1 的 16s rDNA 基因序列分析及系统进化树构建

以细菌 AF-1 总 DNA 作为模板，进行 PCR 扩增。该 PCR 反应采用细菌 16s rDNA 基因通用引物。反应体系包含 DNA 模板、PCR 反应 Buffer、dNTPs、正反向引物和加灭菌水。反应条件设置为：在 95 ℃中预热 5 分钟，接着进行 35 个循环，每个循环包括在 95 ℃中进行 30 秒变性，在 50 ℃中进行 30 秒退火，在 72 ℃中进行 45 秒延伸，最后在 72 ℃中延伸 10 分钟。

得到的 PCR 产物经北京三博远志生物科技公司检测，并提交至 GenBank 数据库，获得序列号 JN998403。为了进一步分析这一序列，使用 NCBI 数据库进行 Blast 搜索，从中筛选出与测序结果同源性高的序列。

随后，利用 ClustalW1.8 软件对多个序列进行了比对。得到的比对结果使用 MEGA5.0 软件进行进一步分析。通过邻接法构建了 AF-1 菌株 16s rDNA 基因的系统进化树，该进化树将有助于研究者更深入地了解细菌 AF-1 在进化过程中的相关性和演化关系。

4. 菌株活化、抗菌上清溶液制备及抗菌活性检测

本实验旨在测试 AF-1 菌苔对尖孢镰刀菌的抑菌能力。实验步骤如下：① 在已灭菌 PDA 培养基上接种适量 AF-1 菌苔，菌苔来源于培养斜面；② 在 37 ℃条件下震荡培养 2 天，将培养液离心，得到上清液作为培养溶液；③ 取上清液 50 μL 用于抗菌活性检测。抗菌活性检测采用杯碟法，以尖孢镰刀菌作为指示菌株，牛津杯内径为 6 mm，测定抑菌圈直径；④ 根据测定的抑菌圈直径大小判断上清液对尖孢镰刀菌的抑菌能力。

5. 抗菌稳定性检测

（1）热稳定性。在不同温度条件下（−20 ℃、0 ℃、40 ℃、60 ℃、80 ℃室温）处理发酵上清液，并利用杯碟法测定抑菌圈直径，以评估抗菌活性的热稳定性。

（2）pH 稳定性。将发酵上清液在不同 pH 条件下（pH = 3、5、9、11，pH = 7.0）静置 2 小时后，再次利用杯碟法测定抑菌圈直径，以研究抗菌活性的 pH 稳定性。

（3）NaCl 稳定性。在不同 NaCl 质量分数条件下（3%、6%、9%、12%、15%、18%）静置 2 小时后，利用杯碟法测定抑菌圈直径，探究抗菌活性对 NaCl 的稳定性。

（4）芽孢杆菌 AF-1 发酵上清液的抗菌曲线。为了进一步了解抗菌活性的动态变化，绘制芽孢杆菌 AF-1 发酵上清液的抗菌曲线。在不同体积条件下将发酵上清液加入培养基中，并每 2 小时测定各培养基的光密度（OD 值）。通过这些数据，可以评估发酵上清液的抗菌活性在不同时间点的变化。

（5）芽孢杆菌 AF-1 生长曲线与抗生素生产量的关系。在 PDA 培养基中培养 AF-1 并测定其生长曲线。然后，通过离心取上清液，并利用杯碟法检测 AF-1 的抗菌活性。通过这一系列实验，找出生长曲线与抗生素生产量之间的潜在联系，从而更好地理解抗菌活性的来源与变化。

6. 电镜观察

制备 0.1 mL 活化的尖孢镰刀菌悬液，将 2 mL AF-1 发酵上清液与菌悬液混合，以便在培养过程中提供适当的养分和条件。将样品放置在 37 ℃ 中振荡条件下培养 24 小时，使尖孢镰刀菌在合适的环境中生长。在培养结束后，需要分离菌体，这可以通过离心过程实现，从而获取纯净的菌体。菌体需要被洗涤，使用 pH 为 7.4 的磷酸缓冲液进行 3 次洗涤，以去除可能残留的杂质。在洗涤完成后，为了保留样本的形态结构，使用 2.5% 戊二醛溶液进行预固定，将菌体置于 4 ℃ 中固定 12 小时。经过预固定后，使用 1% 锇酸进行固定处理。接着，样品需要进行脱水处理，使用丙酮梯度脱水以确保样品的稳定性。

在脱水完成后，为了制备超薄切片，需将样品包埋在树脂中。然后，切片需要进行染色，这可以通过使用醋酸双氧铀和柠檬酸铅来实现，以增强对样品的对比度和分辨率。利用透射电镜（TEM），使用 DXB2-12 型号的电镜进行观察，研究人员可以查看尖孢镰刀菌样品的内部结构。而对经过磷酸盐缓冲液洗涤、乙醇梯度脱水、临界点干燥和喷金处理的样品，则可以使用 JSH-35CF 型号的电镜进行扫描电镜（SEM）观察，以获得更为详细的表面形态信息。

7. 芽孢杆菌 AF-1PKS 基因的 PCR 筛查及序列

菌株 AF-1 的 PKS 基因的引物由大连 TaKaRa 公司合成，序列为 PKSF：5′-GCGATGGATCCNCAGCAGCG-3′，PKFR：5′-GTGCCGGTNCCGTGNGYYTC-3′。使用 PCR 方法扩增产物，并通过 1% 琼脂糖凝胶电泳检测其纯度。PCR 产物的测序工作由北京三博远志生物科技公司完成。获得的测序结果被用于在 NCBI 数据库中进行 Blast 搜索分析，以寻找与其同源性高的序列。在筛选出同源性较高的序列后，这些序列将用于构建 AF-1 菌株 PKS 基因的系统进化树，为后续的研究提供基础。

（二）结果

1. 菌株 AF-1 的系统进化树

菌株 AF-1 的 16s rDNA 基因大小为 1 451 bp（基因登录号为 JN998403）。研究中使用邻接法构建了系统进化树。结果显示，菌株 AF-1 与 *Bacillus methylotrophicus* CBMB205^T 的相似度最高，两者同处在一个大分支上。此外，菌株 AF-1 还与芽孢杆菌属的成员相似度较高。基于系统进化树的分析，初

步确定菌株 AF-1 应归属于芽孢杆菌属。

2. 菌株 AF-1 发酵液抗尖孢镰刀菌活性

菌株 AF-1 是一种具有较强抗菌活性的微生物。通过抗菌活性检测，研究者发现菌株 AF-1 的胞外产物对尖孢镰刀菌表现出显著的抑菌效果，能够形成直径约 20 mm 的透明抑菌圈。

抗菌稳定性检测结果显示，AF-1 发酵液在低温和 0 ℃ 处理时表现出最强的抗菌活性，这提示低温环境可能有利于抗菌物质的稳定性和活性。相反，在高温处理下，抗菌活性明显下降，这表明高温环境对抗菌物质的稳定性和活性产生了不良影响。不过，在不同的 pH 和盐浓度条件下，菌株 AF-1 的抗菌活性仍能保持一定水平，这表明其具有一定的环境适应性。

进一步研究显示，菌株 AF-1 的发酵上清液对尖孢镰刀菌的抑菌效果显著。此外，增加发酵上清液的浓度并不能显著改变其抑菌活性，即使在低浓度中，AF-1 发酵上清液仍表现出较好的抑菌活性。这表明该抗菌物质的有效浓度较低，具有潜在的应用价值。

菌株 AF-1 的生长曲线可以分为四个时期：延滞期、对数期、稳定期和衰亡期。在稳定期（培养 20～40 小时），菌株开始产生大量的抑菌物质，抗菌物质的产量达到最大值。因此，在菌株生长的特定时期，抑菌物质的生产能力较强，这对于进一步研究和利用菌株 AF-1 的抗菌特性具有重要意义。

（三）显微观察

在这项研究中，目标是探究 AF-1 发酵上清液对尖孢镰刀菌的抗菌效果，进一步了解其抗菌机制。经过实验证明，AF-1 发酵上清液对尖孢镰刀菌具有显著的杀灭作用。

通过光学显微镜观察，在加入 AF-1 发酵上清液后，尖孢镰刀菌菌丝发生了明显的形态变化。它们变得短粗，细胞膨胀，表面变得粗糙，并且形成了泡状结构。此外，部分菌丝发生了破裂，并伴随着细胞质的流出。这些观察结果表明 AF-1 发酵上清液对尖孢镰刀菌的影响是显著的。

进一步通过透射电镜观察，正常菌丝的细胞核、细胞壁、液泡和细胞膜等结构都表现出清晰可见、分布有序的特点。此外，细胞质中含有丰富的电子致密物质，而细胞壁结构也紧密且厚度均匀（100～150 nm）。然而，在加入抗菌发酵液后，尖孢镰刀菌菌丝的结构发生了明显的变化。细胞壁变得不规则并增厚，厚度为正常菌丝的 2～3 倍。同时，菌丝细胞内部结构也变得素乱，出现了细胞膜部分消失和细胞质流失等现象。

（四）菌株 AF-1 抗菌基因 PKS 基因的筛查

以特异性引物克隆 AF-1 的 PKS 基因，得到一条 675 bp 的基因片段。测序后将基因序列进行 BLASTx 比对，发现该基因属于 PKSI，序列发育分析表明克隆的 PKS 基因与 *Bacillus amyloliquefaciens subsp.plantarum* UCMB5036 的 *PKS I* 基因的相似度最高，为 99%，初步确定其为 *PKS I* 型基因。

（五）讨论

芽孢杆菌是一种重要的药源性微生物，其代谢产物具有广谱的抗菌活性，在医学免疫和动植物病害防治领域有重要研究意义和应用价值。近年来，对于镰刀菌生物防治的研究主要集中在芽孢杆菌的筛选和应用上，一般从自然环境中如大田土壤，植物的根、茎、叶或者堆肥中筛选具有生防功能的芽孢杆菌。

随着时间的推移，寻找具有新属性和高活性代谢产物的新型菌株变得越来越困难。因此，研究人员开始将目光转向极端环境，寻找新的微生物资源。这也是本研究的出发点。研究人员从运城盐湖中分离得到一株嗜盐菌，经测序确认为 Bacillus 属的成员。通过进一步的研究发现，这株嗜盐菌产生的代谢产物能够改变尖孢镰刀菌的细胞形态，并引起部分细胞的破裂。这表明该嗜盐菌具有较高的抗菌活性。

适应盐湖极端环境的嗜盐微生物通常可以产生具有特殊功能的代谢产物。这些嗜盐菌被认为具有潜在的应用价值。然而，嗜盐微生物次级代谢产物的研究相对较少。在本研究中，研究人员筛选出了一株名为 AF-1 的芽孢杆菌，该菌株对尖孢镰刀菌具有明显的抗菌活性。与其他菌株相比，AF-1 产生的抗菌物质性质稳定，能够在条件较为极端的环境中应用。

AF-1 展现出强大的抗菌能力，即使在低剂量的发酵液中也能显著发挥作用。然而，当额外添加更多的发酵上清液时，并没有观察到抗菌活性的显著提高。这表明 AF-1 的抗菌机制可能并非依赖于发酵液中的成分浓度。

研究结果表明，AF-1 可能通过破坏尖孢镰刀菌的细胞结构来发挥抗菌作用，导致细胞壁破裂和结构素乱。通过电子显微镜观察，可以看到经过 AF-1 处理的尖孢镰刀菌失去了正常的菌丝形态，细胞膨胀并最终破裂。这提示 AF-1 可能影响了尖孢镰刀菌的细胞渗透性。

进一步的研究表明，AF-1 可能通过作用于细菌细胞膜或细胞壁的方式，改变细胞的渗透压和形态，从而发挥抗菌作用。基因筛查发现 AF-1 含有合成聚酮类化合物（PKS）基因，这提示 AF-1 的抗菌活性可能与该类化合物的合成和作用机制相关。

第二节　荒漠微生物及其生态适应

一、荒漠微生物的种类与分布

荒漠被认为是一个极端干旱的环境，然而，它却为微生物提供了多种微环境。这些微环境或许是微小的，但能为生命提供庇护。荒漠中的生物能够根据微生物依存的微环境进行分类。这些微环境包括结皮微生物、土壤微生物、植物根际微生物、石上生微生物、石下生微生物、石内生微生物、沙尘微生物和干湖盆微生物。

（一）结皮微生物

生物结皮是在藻类拓殖作用下由活的微小生物及其代谢产物（胞外多糖）与沙粒组成，是土壤颗粒与有机物紧密结合在土壤表层形成的一种壳状体。"生物结皮可以加速土壤形成，改变土壤理化性质"。[①]荒漠生态系统中的生物结皮是流动沙丘中固沙能力显著的微形态特征，同时也是沙丘固定的明显标志。它们由多种微生物组成，其中主要的成分是蓝藻，其比例可占结皮总量的 80%左右。随着结皮的发育，微生物组成会发生阶段性的演替。具体而言，在结皮发育的三个阶段，具鞘微鞘藻具有不同的特点，它们逐渐成为藻结皮中的主要优势物种。

随着时间的推移和结皮的发育，更多的生物开始定殖于结皮中。除了固氮蓝藻，其他微生物如真菌、地衣及苔藓也逐步加入了生物结皮的构成。这些微生物的定殖进一步增加了结皮的复杂性和多样性。

---

① 贾鸿飞，贾荣亮，吴秀丽，等. 干旱沙区生物结皮对土壤膨胀的影响［J］. 中国沙漠，2023，43（2）：28.

蓝藻作为结皮中的主要组成部分，发挥着重要的生态功能。首先，它们通过产生胶质物质，增加了结皮的粘合力，有助于固定流动的沙丘。其次，蓝藻还具有固氮作用，可以将大气中的氮气转化为植物可利用的形式，进一步提供了沙丘上植物生长所需的养分。这对于荒漠地区来说尤为重要，因为氮素是植物生长的限制因子。

除了微生物，结皮中的其他生物如地衣和苔藓也发挥着重要作用。地衣是由真菌和藻类共同构成的生物体，它们能够忍受干旱和贫瘠的环境，并在荒漠结皮中起到固定土壤和保持水分的作用。苔藓则可以帮助累积有机质，改善土壤结构，并提供栖息地给其他生物。

专性异养细菌是荒漠生物结皮的重要成员。它们属于拟杆菌门、变形菌门、栖热菌门和芽单胞菌门，而放线菌门在这个生态系统中的存在相对较少。这些异养细菌利用蓝藻固定的碳和氮来建立生态群体，并定殖于沙漠结皮中。他们的微观空间分布与结皮的发育程度密切相关。

在结皮初期发育阶段，异养细菌主要集中在次表层，而在发育较好且有颜色的结皮中，表层的异养细菌数量较多。然而，随着土壤深度的增加，异养细菌的数量逐渐减少。这表明土壤深度是影响异养细菌数量的因素之一。

此外，土壤质地也对结皮中微生物总量起着重要作用。不同质地的土壤含水量和通气性也会影响异养细菌的生长和分布。因此，土壤质地的差异可能导致结皮中异养细菌的数量和组成有所不同。

与异养细菌相比，真菌在荒漠结皮中的贡献较少，但在地衣结皮的形成和养分循环中扮演着重要的角色。结皮中的真菌主要包括非寄生真菌和地衣型真菌。子囊菌门真菌是最常见的一类真菌，同时担子菌门和壶菌门真菌也在结皮中大量分布。

（二）土壤微生物

荒漠土壤中的微生物活性受到多种因素的影响，包括温度、水分和养分等。这些因素不仅直接影响着微生物的生长和繁殖，还与土壤表层结皮的发育程度相关。荒漠土壤微生物数量在不同区域之间存在明显的差异，而放线菌和蓝藻门细菌常常是优势的菌群。

荒漠土壤中常见的细菌类群包括变形菌门、酸杆菌门、拟杆菌门和厚壁菌门。这些细菌的丰度变化受到微环境差异的影响，因此在不同的荒漠地区，它们的相对数量可能会有所不同。另外，在荒漠土壤中还可以找到一些优势

的真菌，如曲霉菌属、弯孢属和镰孢菌属等。

荒漠土壤中的真菌显示出一定的生物地理分布格局，这意味着它们的分布与地理距离有关。换句话说，距离较近的地区可能存在较为相似的真菌组成，而距离较远的地区则可能呈现出较大的遗传分化。

在极端干旱的荒漠土壤以及石英岩和砂岩等地质类型中，并未发现古菌的存在。这可能是因为这些环境条件对古菌的生存与繁衍不太有利。

（三）植物根际微生物

荒漠生态系统是一个独特而脆弱的生态系统，它在维持生物多样性和生态平衡方面扮演着至关重要的角色。在这个干燥和贫瘠的环境中，植物与微生物之间的复杂互动对于维持荒漠生态系统的健康至关重要。

荒漠植物的根际是微生物提供充足养分的生存环境，这种根际效应在荒漠生态系统中表现得尤为显著。不同植物种类的根际对不同微生物类群产生不同的影响。例如，羽叶三芒草的根际含有最多的固氮菌群落，而蒿属植物的根际中固氮菌相对较少。植物细根在穿透土壤的过程中会分泌黏液形成沙鞘，并与固氮菌结合，这一过程促进了土壤的保水性和养分吸收。这是植物适应干旱条件的重要生理机制。菌根真菌在荒漠植物的养分摄取和稳定化方面发挥着重要作用。在干旱环境中，许多植物形成内生菌根共生体，这有助于提高植物的养分吸收能力和耐受力。沙漠深根植被与丛枝菌根真菌的共生也是植物的重要生存机制。通过与真菌共生，植物能够更好地竞争水分和养分资源，这将直接影响整体荒漠生态系统的群落结构和稳定性。菌根对于荒漠土壤的生产力恢复和土壤稳定起着至关重要的作用。它们通过增加土壤有机碳含量和产生球囊霉素来黏合土壤团聚体，从而增强了土壤的质地和结构。

在干旱地区广泛分布的块菌目地菇科的沙漠松露，以菌根共生体的形式存在。这种菌根共生体不仅在干旱地区发挥重要的生态功能，而且因其美味而受到广泛的关注和追捧。

（四）石上生微生物

在世界范围的干旱陆地中，大部分荒漠呈现出外露岩石的特征，其中主要包括荒漠砾幕（戈壁）和钙质层，它们构成了广阔的沙丘地带。荒漠砾幕是一种深色、表层多石、没有沙质土壤和植被的地貌，据推测可能已经数千

年到数万年未受到扰动。

荒漠砾幕之所以呈现深色，一方面原因是存在着荒漠漆和荒漠薄层的成分。这些特殊成分使荒漠砾幕的颜色较为显眼。另一方面原因是荒漠土壤中还含有方解石、钙质结砾岩和钙结壳，这些都是由钙质层的沉淀过程形成的。这一过程中，土壤中的细菌和真菌发挥着重要的作用。

除了岩石和土壤的特征外，荒漠石上还生长着各种微生物。这些微生物包括覆盖在石质表面的蓝藻地衣结皮、荒漠漆皮和真菌菌落等。它们在这样恶劣的环境中能够存活，并且在生态系统中扮演着重要的角色。

1. 蓝藻地衣结皮

在炎热的荒漠中，裸露岩石成为一片特殊而又稳定的生态领域。这些岩石表面被各种先锋物种所覆盖，最引人注目的是蓝藻和藻类。它们不畏干旱和高温的考验，为后期植被演替提供了宝贵的条件。

在这坚韧的岩石环境中，地衣也在默默生长。然而，日照较强的岩石表面并不适合地衣的存活，它们更喜欢生存于较低且日照时间较短的区域。尽管生长缓慢，但地衣展现出了强大的干旱适应能力。岩石表面微环境中，底层由单细胞蓝藻组成，主要包括拟色球藻属、色球藻属、黏球藻属和黏杆藻属。少量的丝状微生物也在其中，其中，以黏球藻属为主。这些微生物共同构成了岩石底层生态的基础。在上层空间，由丝状蓝藻主导，特别是伪枝藻属和真枝藻属的菌株。与此同时，蓝藻型地衣也在这一层次上大量存在。

除此之外，异球藻属的单细胞蓝藻常常附着在上述两种丝状蓝藻之上，丰富了这片生态环境的多样性。这些岩生生物在漫长的时间里，凭借顽强的生命力和适应能力，不仅覆盖了岩石的原有颜色，还广泛分布于热带和亚热带各种类型的岩石上，甚至包括人造岩石。

2. 荒漠薄层

荒漠中的岩石表面是许多微生物的栖息地，包括细菌、真菌和地衣等。这些微生物在岩石物理化学变化中扮演着重要角色，其中包括形成薄质涂层的过程。这些薄质涂层主要由黏土矿物、锰和铁的氧化物以及其他矿物质构成。这些薄质涂层的形成可能涉及生物和地球化学共同作用。微生物在这一过程中扮演着关键角色，它们通过生物地球化学过程产生的色素等物质参与了薄层的形成。这一发现揭示了微生物在岩石表面形成薄层过程中的重要性。

具体而言，研究人员在荒漠薄层中普遍发现了真菌和细菌的存在，而且在实验室条件下，这些微生物能够有效地产生薄质涂层。因此，可以得出结论，这些微生物在自然条件下也是促进薄层形成的主要因素之一。这些薄质涂层的组成相当复杂，其中主要成分包括黏土矿物和锰或铁的氧化物。此外，还发现它们含有其他矿物质，这为了解薄层的形成机制提供了更多线索。

（五）石下生微生物

在茫茫的荒漠之中，存在着神秘的生命庇护所——透明的石头。这些石头，如石英和云石，为石下的微生物提供了一个特殊的生存环境。湿度和养分在这里得以稳定，而高温和辐射的侵袭却被阻隔在外。这些荒漠石下的微生物主要由蓝藻和非自养细菌构成，广泛分布于各个荒漠生境，尤其是砾幕生境，成为生产力和生物量的主要集中点。在这片看似荒芜的土地下，生命却有着蓬勃的存在。

荒漠岩石下的蓝藻对气候环境变化极为敏感。降水和雾露是它们生长发育的重要因素。而厄尔尼诺—南方震荡现象的发生，则会增加荒漠石下生蓝藻的数量。这些微生物们似乎默默地感知着自然的脉动，对气候变化作出着微妙的回应。

在众多的荒漠微生物中，拟色球藻属蓝藻成为理想的研究对象。它们广泛分布于世界各地的荒漠和极端环境中。尽管分散在不同的地理位置，但它们对应的变异型却与冷、热荒漠的气候条件无关，展现出了令人惊叹的适应性。

荒漠蓝藻的全球分布格局并非由当代的广泛传播造成，而是承载着古老进化的遗产。历史环境因素对其产生了深远的影响，塑造了它们独特的分布模式。在这些微生物的身上，可以看到生命在漫长进化历程中的智慧和坚韧。

（六）石内生微生物

石内生微生物是一类生长在岩石内部的微生物，它们在砂岩、石灰岩和风化花岗岩等岩石中找到了特殊的生境。这些微生物主要包括石隐生微生物和石隙生微生物。

石隐生微生物生长在岩石的孔隙空间内，最早被发现于南极干燥谷的多孔砂岩中。在这个群落中，石隐生地衣、黑化的真菌和异养细菌共同存在，它们各自通过相互合作，构成了一个微小而复杂的生态系统。而石隙生微生物则栖息在花岗岩石裂纹及裂缝内，主要形成共生体。在南极干燥谷的花岗岩中主要发现了蓝藻这一类石隙生微生物。它们在岩石的裂缝中建立起微妙的生态平衡，与岩石相互依存，为这个贫瘠而恶劣的环境增添了生命的色彩。

在非极地干旱荒漠中，石内生微生物以拟色球藻属蓝藻为主，同时还存在其他种类的球菌。这些微生物对于干燥的环境似乎毫不畏惧，它们成功地适应了各种干燥类型的荒漠，并在其中广泛分布。

石内生微生物的存在说明了这些干旱环境为微生物提供了一个避免胁迫影响的理想庇护场所。岩石的结构提供了稳定的生长基质，而干燥的气候则限制了其他竞争者的生存，使这些微生物得以在相对安宁的环境中繁衍生息。

（七）沙尘微生物

沙尘暴是一种天气现象，指的是强风将地面大量沙尘卷入空中，导致空气混浊，水平能见度低于 1 km。中国是沙尘暴多发国家之一，尽管其频次总体减少，但移动过程仍对路径和下游地区造成巨大经济损失，并产生直接或间接的气候效应。

沙尘暴在亚洲产生，源自塔克拉玛干沙漠和戈壁，它们可向东传输，对北极圈、夏威夷岛及美国西海岸产生影响。澳大利亚的沙尘则可环绕于南半球，并沉积于新西兰的塔斯曼海。这些跨洋跨陆的沙尘事件还会输入大量微生物及花粉，从而扩大了生物的地理分布范围，对下风向生态系统产生影响。

沙尘暴携带大量有害物质，包括细菌和真菌，其中一些可能具有致病性。由于这些沙尘传播的微生物对人类健康可能产生不利影响，特别是某些沙尘暴携带致病菌的情况。研究发现某些沙尘暴颗粒携带对人类健康有潜在危害的致病菌，然而，沙尘暴频次与相关疾病的具体关系和机制还需进一步研究证实。

（八）干湖盆微生物

荒漠干湖盆是古代湖泊的河床，其形成原因包括气候变化和人类活动破坏水平衡，导致湖水退缩和地下水蒸发积盐。这些湖泊的物质组成主要是湖相松散富盐细粒沉积物，因此形成了高矿化度的次生盐质荒漠景观。由于大小、总溶解固体及相对离子组成变化范围较大，荒漠干湖盆可分为淡水和咸水类型，盐浓度范围也很广，主要阴离子浓度也波动变化。

这类荒漠干湖盆主要分布在中西亚、美国西部、北非、澳大利亚及中国西北等干旱半干旱地区。在这些地区，荒漠季节性干盐湖只存在几天到几周，蒸发后形成有光泽、黏性的滩涂。当湖泊再次出现时，盐水中充满了微小的水生生物，如古菌、细菌、藻类、原生动物、酵母、虾和咸水蝇，赋予湖水独特的绿色、橙色、紫色和紫红色。其中，蓝藻是该生态系统中的优势菌群，而不同地区的荒漠盐湖则拥有不同类型的藻类，如裂须藻属、嗜盐隐杆藻、集胞藻属菌株和盐沼蓝纤维藻等。

在湖泊干枯的过程中，部分光合细菌在缺氧但有光照的位置生长，包括盐绿外硫红螺菌、阿氏外硫红螺菌和气囊外硫红螺菌等。此外，其他微生物也存在于这些湖泊中，如嗜盐杆菌属、盐碱球菌属、海滨八叠菌、黄杆菌属和玛格达盐单胞菌属等。

二、荒漠微生物的生态适应机制

荒漠环境条件恶劣，微生物在该系统内生存经常面临多重威胁，包括干旱、高温、低温、紫外线（UV）辐射等。

（一）荒漠微生物耐干旱机制

荒漠中微生物的生存与繁衍是一个备受研究关注的课题。在这个极端的环境中，水分被视为各类细胞生长的基本要素。然而，长时间的干旱和高盐浓度胁迫使微生物面临巨大的生存挑战，因此干旱胁迫耐受性成为它们的首要生存能力。

干旱和高盐浓度对微生物的胁迫效应是非常严重的。这些极端条件会导致微生物细胞受损和裂解，威胁到它们的生存。然而，这些微生物并非束手待毙，它们进化出了多种策略来应对干旱条件。其中一种重要的生存策略是低湿休眠，通过这种机制，微生物可以进入极低的新陈代谢状态，在缺水条件下长期存活。一旦重新获得水分，它们便能迅速恢复生命活动。

荒漠中的降水时期也对微生物的生存产生着深远的影响。特定的降水时期可能会引发荒漠微生物的生长暴发期，这是因为微生物能够迅速利用雨水中的水分和养分进行繁殖和生长。这种现象对于维持荒漠生态系统的平衡至关重要。

此外，当荒漠微生物受到干旱胁迫时，它们还会产生一系列特定的响应机制。例如，一些细菌如耐辐射球菌会限制蛋白质氧化，以增强对干旱的抗性。这些响应机制有助于维持微生物的细胞完整性和功能，使它们能够更好地适应荒漠极端条件的挑战。

（二）荒漠微生物耐盐与耐碱机制

在荒漠地区，岩盐和石膏等表层沉积物的普遍存在导致了盐碱化问题。荒漠地区的降水量有限，而蒸发量却相当高，这使土壤中的盐分在表层逐渐积聚，盐碱性土壤的问题日益严重。此外，荒漠中还存在着许多碱性湖泊，使微生物必须适应盐碱胁迫的环境。

在这样的恶劣环境中，微生物逐渐形成了耐盐的生存机制，表现在细胞膜、细胞壁、酶系性质和信息传递等方面。这些适应性变化使它们能够在高盐环境中存活和繁衍。

与此同时，耐碱微生物则生活在碱性环境中，然而，它们的胞内 pH 维持在弱碱性水平。这种微生物的耐碱机制包括平衡细胞质的酸碱度、利用细胞壁成分平衡酸碱度，以及 Na^+/H^- 逆向转运蛋白在其中起到的关键作用。

在荒漠环境中，微生物为了提高对碱的耐受性，通过产生耐热的碱性蛋白酶等方式来适应。尽管已经取得了一些成果，但微生物特有的耐碱机制仍需要进一步深入研究。

（三）荒漠微生物耐辐射机制

紫外线辐射对地球上的生物产生重要影响。太阳紫外线辐射（UVR）的波长范围为 5～400 nm，其中分为 UV-A（315～400 nm）、UV-B（280～315 nm）和 UV-C（100～280 nm）三类。

由于地球大气吸收紫外线的短波部分，所以只有长波部分的紫外线（1%～2%）能够到达地面。尽管紫外线在太阳总辐射中所占比例较小，但由于光量子能量高且具有穿透力，所以对生物产生显著影响，包括植物、动物和人体健康，以及微生物的组成和生理代谢活动。特别是光合微生物对 UV 辐射非常敏感，而荒漠区域由于植被稀少，微生物更容易受到紫外线的影响。在紫外线胁迫下，细菌可以通过错误倾向修复增加突变概率，这使细胞可以在损伤修复之前复制 DNA 并存活，从而伴随大量突变体的产生。然而，并非所有的微生物都对紫外线敏感。有一类被称为"耐辐射球菌"的细菌，它们能够耐受紫外线和 γ 射线的辐射。这些耐辐射球菌拥有一种特殊的修复机制，可以通过重组 DNA 片段来抵抗辐射的损伤。

荒漠微生物发展了一些自我保护机制。它们产生色素，如类胡萝卜素，通过抑制光敏剂及活性氧来保护细菌免受紫外线损伤。此外，荒漠微生物还借助适荫性机制来规避紫外线辐射。例如，生长在地衣中的藻类受到真菌的保护，而石内生环境则提供了适荫性环境，使微生物能够避免辐射损伤和其他胁迫影响。

（四）荒漠微生物耐高、低温机理

在荒漠地区，气候条件极端，日照强烈，空气湿度极低，导致白天气温迅速上升，夜间则急剧下降。北非地区曾经记录过高达 58 ℃ 的极端气温，而夏季的月均温一般维持在 30～35 ℃，高温持续时间较长。同时，夜间的最低气温通常为 7～12 ℃，这导致年温差为 10～20 ℃，而日温差更是达到 15～30 ℃。

在这样的极端气候条件下，荒漠中的微生物必须拥有适应能力才能生存。为了应对高温的挑战，这些微生物进化出了独特的生理机制。它们拥有特殊的大分子结构，高代谢速率以及特异的基因表达，这些特征共同构成了它们耐高温的机制。荒漠微生物必须应对夜间的极端低温。为了适应这种环境，它们进化出了耐低温的生理机制。这些机制包括冷活化次生代谢，嗜冷蛋白，冷活化酶和抗冻蛋白等。这些特殊的生理反应使微生物能够在寒冷的夜晚继续生存，并在白天的高温条件下继续繁衍生息。由于荒漠地区昼夜温差较大，微生物需要同时具备耐热和耐冷的机制，才能在这样复杂多变的环境中存活。它们的生存策略既包括适应高温的生理特征，也包括适应低温的生理特征，只有如此，它们才能成功地适应荒漠的极端气候条件。

第三节　深海微生物及其适应机制

一、深海微生物的种类与分布

"深海具有多种复杂独特的生境，蕴藏着极为丰富的物种多样性，被公认为未来重要的基因资源来源地，具有巨大的应用开发潜力。"[①]深海生物圈

---

① 高岩，李波. 我国深海微生物资源研发现状、挑战与对策 [J]. 生物资源，2018，40（1）：13.

是地球上最大的生态系统之一，包括海山、海底平原、海沟、深海冷泉、热液口、泥火山等多个生境，从而为深海微生物提供了多样的生存环境。由于深海环境的特殊性，尽管已有 100 多年的深海生物研究历史，但人们对深海微生物的多样性、代谢功能以及分类单元的普遍类型仍知之甚少，目前，能在实验室中培养出来的海洋微生物只有不到 1%。

（一）深海海水层微生物

深海海水层是深海浮游微生物最主要的生活环境，是指温跃层下边界（约 1 800 m 水深）与洋底之间的海水。深海海水层物理性质稳定，具有压力高、温度低、盐度范围变化小、pH 稳定、完全黑暗等特点。另外，由于生物数量较少，深海海水层氧含量较高，且富集氧化型无机物，缺少还原型无机物。但深海海水中含有颗粒性有机物（POM）和可溶性有机物（DOM），这些有机物质通过再矿化作用以及与表层、中层海水复杂的交换反应，构成了深海食物链和物质循环的基础。

海水中的微生物种类分布随着深度（压力）的增加和易降解利用碳源（LOC）的逐步减少而呈现明显的差异。深海海水主要的细菌类群有α-变形菌、δ-变形菌、γ-变形菌等。其中，α-、γ-变形菌是海水中最主要的微生物类群。通过对不同深度、不同区域海水的细菌群落组成进行比较发现，它们呈现类似的全球分布。深海海水中的主要古菌类群有海洋底栖古菌群和海洋古菌群。

（二）深海海底沉积物

深海海底沉积物是由海水中的颗粒物质和生物残骸不断地沉降并在海底聚积而形成的，是集化学物质和微生物于一体的特殊生态环境。经过漫长地质时期的积累，海底沉积物平均厚度达 500 m。深海沉积物是地球上最大面积的覆盖层，由于其巨大的广度和深度，因此是地球上最大的生态系统之一，也是地球上最大的未被开发的生物栖息地。由于海底沉积物上海水的覆盖，生境条件比较特殊，具有高压、黑暗、有机物含量低、盐度高等特征。

深海沉积物中的微生物群落组成随着氧浓度、温度、营养元素的种类和含量以及沉积物的深度等物理化学参数的变化而各不相同。总体来说，主导细菌类群有α-变形菌、δ-变形菌、γ-变形菌、酸杆菌、双歧放线菌以及浮霉菌。

二、深海微生物适应极端环境的机制

（一）深海微生物冷适应机制

温度是影响地球上生物生命活动的极其重要的环境因素。海底深部生物圈由于其生境的特殊性，因此具有很大的温度跨幅，从近 2 ℃的深海大洋沉积物表层到海底热液泉口及深部温热的沉积物和上部洋壳中都有微生物的分布。深海最广阔的区域属于恒定的低温环境，90%的海水的平均温度为 5 ℃或者更低。在这些环境中生活着一类特殊的微生物，即嗜冷微生物。按照最适生长温度和生长上限温度的不同，深海嗜冷菌可分为专性和兼性两类，前者的最高生长温度不超过 20 ℃，最适生长温度在 15 ℃以下，可以在 0 ℃或低于 0 ℃的条件下生长；后者可以在低温下生长，有的也可以在 20 ℃以上生长，这两类微生物的生态分布和适应低温的分子机制有一定的差异。在存在丰富底物的条件下，专性嗜冷菌在 0 ℃环境的生长要超过兼性嗜冷菌。

专性嗜冷菌对温度的变化非常敏感，20 ℃以上就会很快地死亡，主要分布在恒定低温的环境中，例如，南北极地区、冰窟、高山、深海和土壤等低温环境中，其分布受到环境温度的严格限制，而且数量稀少，即使在南北极常冷的环境中，专性嗜冷菌在所分离到的微生物中也只占很少部分。兼性嗜冷菌的分布范围相对较广，从常冷到不稳定的低温环境中均可以分离到。目前已发现的嗜冷微生物包括细菌、放线菌、蓝细菌、酵母菌和真菌，最近又分离出嗜冷古菌。

低温对微生物生存的影响主要表现在：① 降低生物细胞膜的流动性，使细胞膜无法运转正常的生理功能，如营养物质和废物的运输，呼吸作用的正常进行等；② 降低生物体基因的转录和翻译速率，并阻碍细胞的分裂；③ 导致蛋白质的变性或错误折叠，极大降低或抑制酶的催化活性。对于这些不利的影响，深海嗜冷微生物在长期的生物进化过程中形成了一系列的适应低温的应对机制，这些机制包括膜蛋白和脂多糖的磷酸化和去磷酸化、调整膜中的脂类，以维持膜的营养吸收功能、蛋白质的合成、合成代谢、分解代谢和能量代谢的正常进行等。

（二）深海微生物热适应机制

在分离得到的深海微生物中，嗜热微生物是主要类群之一。嗜热微生物是一类生活在热环境中的微生物。早期，许多微生物在 40 ℃以上生长得最快（或最适生长），因此它们被定义为嗜热微生物。现在一般将在 45 ℃以上环境中能够生长的微生物定义为嗜热微生物。根据对温度的不同要求，嗜热微生物可划分为 3 类：① 极端嗜热菌，最适生长温度在 65 ℃以上，而最高生长温度和最低生长温度分别超过 75 ℃和 40 ℃。已发现的极端嗜热菌有 20 多个属，大多是古细菌，生活在火山喷口附近或其周围区域。② 专性嗜热菌，最高生长温度超过 55 ℃，最适生长温度在 40 ℃以上，而在 40 ℃以下生长很慢，甚至不能生长。③ 兼性嗜热菌，既能在高于 55 ℃条件下生长，又可在中温范围内生长。

深海微生物，特别是热液口微生物，由于长期处于高温环境中，进化出了一系列适应高温的分子机制，以维持其在高温环境中的生物活性。

第一，调节磷脂的组分。嗜热微生物细胞膜的脂质双分子层中有很多特殊的类脂，主要是甘油脂肪酰二酯。嗜热和极端嗜热微生物通过增加膜脂的脂肪酸饱和度和产生新型结构醚脂或其二聚体而保持细胞膜结构的稳定性和功能性。此外，增加磷脂酰烷基链的长度、异构化支链的比率及脂肪酸饱和度都可使嗜热微生物的细胞膜耐受高温。

第二，蛋白质的稳定性。决定嗜热微生物耐热性的主要机制是蛋白质的热稳定性。在蛋白质的一级结构中，个别氨基酸的改变会引起离子键、氢键和疏水作用的变化，从而大大增加整体的热稳定性。在蛋白质的天然构象上，嗜热微生物的蛋白质与常温菌蛋白质的大小、亚基结构、螺旋程度、极性大小和活性中心都极为相似，但高级结构中的非共价力、结构域的包装、亚基与辅基的聚集以及糖基化作用、磷酸化作用等却不尽相同，蛋白质对高温的适应取决于这些微妙的空间变化。另外，化学修饰、多聚物吸附及酶分子内的交联也是提高蛋白质热稳定性的重要途径。嗜热微生物另一重要的蛋白质热适应分子和生化机制就是产生嗜热或极端嗜热酶、小分子质量相容性溶质、可帮助高温下变性蛋白重新折叠的嗜热体，以及分子伴侣蛋白。

（三）深海微生物对压力的适应

与其他绝大多数极端环境相比，静水压力是深海环境中影响生命活动最主要的因素。深海是典型的高压环境，平均深度为 3 800 m，每增加 10 m 水深即增加 1 个大气压。大约 70%的海洋环境静水压力大于 35 MPa，世界最深地区马里亚纳海沟深度达到 11 000 m，海底压力超过 110 MPa。因此，大部分海底沉积物和洋壳处在高压环境中。

压力对微生物的影响是多方面的。微生物总是不断地进化以适应其所处的环境。深海嗜压微生物在脂肪酸的组成、压力调控元件、细胞核细胞组件、DNA 结构与功能等方面逐渐形成了有别于常压微生物的独特机制。

1. 细胞膜脂肪酸组成

在细胞膜分子水平上，嗜压微生物对高压的适应类似于嗜冷微生物对低温的适应，高压环境常常促使单聚和多聚不饱和脂肪酸合成的增加。当细胞膜中的脂肪酸碳链长度相同时，不饱和脂肪酸及分支链脂肪酸的含量增加，能增加细胞膜在高压或低温条件下的流动性。

2. 压力相关的调控基因

在高压条件下，基因的调控机制也不同于常压条件，深海嗜压微生物通常有一组能调节压力影响的基因，通过它们减少某些蛋白质的产生率，以便在压力增加的情况下减少膜的通道，从而阻止体内的糖和其他营养成分扩散到体外。

第四节　陆地热泉微生物及其开发与利用

陆地热泉是指地壳中涌出的由地热加热的地表水，水温通常高于 45 ℃而又低于当地地表水的沸点。陆地热泉具有区别于普通环境的高温、缺氧和物化背景复杂的特征，在全球广泛分布。陆地热泉中生活着各种微生物。因为不同地区的热泉之间相互地理隔离，且更接近地球早期环境，所以对热泉中的微生物开展研究，有助于解答生命起源与进化、环境适应机制和生物地理等基础理论问题。此外，热泉中含有许多独特的微生物资源，特别是嗜热微生物由于嗜热酶而受到广泛关注。目前，大部分的嗜热微生物都分离于陆地地热生境以及海洋地热生境。

中国的陆地热泉资源丰富，主要集中在藏南—川西—滇西密集带、东南沿海地区密集带、胶东半岛密集带，以及台湾与其邻近岛屿密集带等地区，其中滇西地热区的云南腾冲市是中国大陆著名的火山地热区，也是陆地热泉

密集分布区之一，亦是国内开展热泉微生物研究最早、最系统的地区。

除了地表热泉外，还有一类比较特殊的地热环境存在于地壳深处，具有代表性的地下热环境主要为陆地和海洋的深油井以及地热工厂的热井两种。通过地质化学分析，地壳中存在着预示生命活动的有机物质，并且随着深度的递增，地下环境的温度逐渐升高。据此，科学家们提出了地下生物圈或深部生物圈的概念，并推测地下微生物群落主要由嗜热及超嗜热微生物组成。

一、陆地热泉微生物的多样性

微生物对地球的生态环境具有很好的适应性，在略低于水的冰点直到沸点的温度范围内都可以生长。对于具体的某种微生物来说，它的生长温度范围是有限的（40 ℃）。根据温度可划分为低温、中温、高温等。

陆地表面有大量的热泉分布，很多热泉的水温常年高于 40 ℃，其中生长的微生物大多为高温微生物。高温微生物在古菌、细菌和真核生物中均有分布，但嗜热性依次递减。换言之，超嗜热菌以古菌为主，极端嗜热菌在古菌和细菌中均有分布，中度嗜热菌则以细菌的多样性更好，而真核生物如真菌、藻类和原生动物存活的温度上限约为 60 ℃。

（一）热泉古菌

很多古菌是生存在极端环境中的，一些生存在极高的温度（经常 100 ℃以上）中。目前大部分可纯化培养的并深入研究的古菌都可以划为两个主要的门：泉古菌门和广古菌门。此外，古菌中还包括纳古菌门和初古菌门，初古菌门与泉古菌门演化关系密切。目前从陆地热泉分离得到的主要微生物都属于泉古菌门和广古菌门。

1. 泉古菌门

泉古菌为陆地热泉系统的主要古菌类群，由不可培养的非嗜热泉古菌和可培养的嗜热泉古菌组成。目前的泉古菌狭义地代表着一类主要分布于陆地热泉以及海洋热液系统的极端及超嗜热微生物。这些具有一定生理共性的嗜热古菌分属于热变形菌纲下的暖球形菌目、除硫球菌目、硫化叶菌目和热变形菌目，共形成 6 个科、26 个属和 54 个种，其中 14 个属为单型种属，最大的硫化叶菌属和火棒菌属也仅由 6 个种组成。

泉古菌是地球上最为嗜热的生物群体之一，其中，以热网菌科的生长温度最高，其最适生长温度大于 100 ℃。泉古菌包括严格厌氧、微好氧、兼性厌氧、兼性好氧和严格好氧型嗜热菌。硫代谢是该类古菌的重要生理特征，包括连四硫酸盐、硫化矿物和含巯基的有机物等均能被泉古菌选择性地利用。

2. 广古菌门

广古菌门中除了上文提到的 3 个嗜热菌纲外，还包括许多嗜热的产甲烷古菌，分别形成甲烷火菌纲、甲烷热菌科、甲烷暖球菌科和甲热球菌科等嗜热分支。此外，在一些非嗜热的甲烷菌系中也不同程度地散布着嗜热属乃至嗜热种，分别为甲烷杆菌科下的甲烷热杆菌属；甲烷球菌科下的甲烷热球菌属；甲烷微菌科下的甲烷囊菌属中唯一的嗜热种嗜热多拟青霉；科未定的甲烷绳菌属；甲烷鬃菌科下的甲烷鬃菌属中仅有的两个嗜热种：热喜栖的隐球菌和热产酸性的隐球菌；甲烷八叠球菌科下的甲烷盐菌属、甲烷咸菌属，以及甲烷食甲基菌属、甲烷八叠球菌属。

广古菌门中的甲烷火菌属和火球菌属可划分到目前最为嗜热的微生物种类之列，其最适生长温度可达 95～103 ℃，与泉古菌类似。硫代谢在嗜热广古菌中同样十分普遍，以可培养最为成功的热球菌目为例，是典型的严格厌氧、专性异养型古菌，以厌氧发酵获取能量，因此被认为是热泉微生态中硫元素循环的重要参与者以及主要的有机质降解菌。

（二）热泉病毒

所有的热泉中都含有病毒样颗粒，在病毒的数量与细胞微生物的数量比值上，地热泉中这一极端环境有着其特殊性：多数环境中的病毒与细胞微生物的数量比值为 3:10，而在美国黄石国家公园的熊爪和章鱼两个热泉中，病毒样颗粒的数量都比细胞微生物数量要少，比值在 0.33 左右。

从形态特征上看，世界各地的不同性质的热泉中分离到的类病毒颗粒性状相似，主要类型有头尾型病毒、线状病毒、球状病毒和纺锤型病毒。但也有一些形状非常特殊的病毒，如有的为拉链状，有的具有箭状的头部和螺旋状的尾巴，还有的为中间是一个椭圆形的主体，两头或一头有突起。

尽管热泉病毒在形态上没有太多特别之处，但通过分离培养的方法以及宏基因组测序组装的方法，陆地热泉中分离到了多种新病毒。由于陆地热泉是一个仅有细菌、古菌和它们的病毒组成的特殊生态系统，对这些新病毒的序列特征、生态功能以及与其寄主的相互关系研究，有利于理解病毒起源与进化、生命本质及环境适应策略等。

二、陆地热泉微生物适应高温的分子机制

（一）陆地热泉微生物细胞结构的耐热机制

绝大多数革兰氏阳性嗜热细菌的细胞壁是由 N-乙酰葡萄胺和 N-乙酰胞壁酸通过β-1,4 糖苷键连接起来的聚糖链，以及由 L 型与 D 型交替排列的氨基酸组成的短肽"尾"和肽"桥"构成的三维网状结构；典型的革兰氏阴性嗜热细菌的细胞外膜是由质膜—肽聚糖层—细胞外膜（蛋白、脂蛋白、脂多糖）构成的。嗜热菌细胞膜的脂质双分子层中有很多特殊的类脂，主要是甘油脂肪酰二酯。通过调节磷脂的组分可维持细胞膜在高温下的液晶态。此外，增加磷脂酰烷基链的长度、提高异构化支链的比率及脂肪酸饱和度都可使嗜热菌的细胞膜耐受高温。

细菌和古菌都能够通过改变它们的胞质膜的脂质结构来适应外界的温度变化。这些变化都需要调整脂质的结晶状态来限制质子的渗透速率。在较高温度中，细菌能够增加脂酰链的长度,提高脂肪酸的异构/反式异构的比例，以及加大脂酰链的饱和度来达到对高温的适应。例如，硫化叶菌目的很多种类，硫化叶菌和嗜酸热原体这些古菌的质膜中都含有很高比例的四醚脂质。四醚脂质中的类异戊二烯的环化程度会随着生长温度的升高而提高。由于大部分的古菌脂质的醚键在酯键彻底甲醇化后不能被降解，通常认为古菌的这种类型的脂质具有耐高温的特性。对于嗜热微生物来说，正是由于膜质的化学稳定性，它们才能够在高温中得以生存。

细菌和古菌的细胞质膜很大程度上决定了胞质的组成。由于在这些微生物当中，离子特别是质子和盐离子跨膜通道的电化学阶梯是严格遵循生物能量规律的，就需要一些策略去限制这些跨膜离子的渗透。质子和盐在任何生物膜上的渗透性都会随着温度的升高而增加。嗜冷和嗜温细菌，嗜温、超嗜热和嗜盐古菌可以通过在其生长温度当中维持持续较低的质子通透性水平来调节它们胞膜的脂质结构（顺式质子通透性）。但是嗜热细菌在高温下较难限制跨膜的质子渗透，因此就需要少量的盐离子位置一个高的盐离子驱动能为膜结合过程提供能量。在细菌和古菌当中可溶物的跨膜主要由初级的ATP 转运系统催化，或者次级的质子或盐离子动力转运系统催化。与大多数

细菌不同的是，超嗜热细菌和古菌更喜好初级的 ATP 驱动的吸收系统来获得它们所需的碳源和能量。

（二）陆地热泉微生物蛋白质的耐热机制

陆地热泉微生物通常均能合成各种耐热性能不一的蛋白质，特别是嗜热酶，这类酶具有独特的结构特征，能够使其在高温环境中具有高的嗜热性和最佳活性。有些酶在 110 ℃甚至更高的温度中仍然具有活性。热泉微生物最适生长温度在 45 ℃以上，它们的酶（嗜热酶）表现出的嗜热性介于超嗜热酶和嗜温酶之间，这类嗜热酶的最佳活性范围是 60～80 ℃。通常情况下，嗜热酶和超嗜热酶在 40 ℃以下不具有酶活性。

嗜热酶的耐热性主要是由其分子内部结构决定的。维持嗜热酶内部立体结构的化学键，主要是氢键、二硫键的存在及数量与其热稳定性有关。一般认为，当这些键存在及数量增加时，酶的热稳定性增强；当这些键断开时，则酶的热稳定性降低或丧失。嗜热酶分子的许多微妙构造很可能与其稳定性有关。这些构造包括：稍长的螺旋结构，三股链组成的β-折叠结构，C 端和N 端氨基酸残基间的离子作用以及较小的表面环等。这些构造形成了嗜热酶紧密而有韧性的空间结构，从而提高其稳定性。

三、陆地热泉微生物资源的开发与应用

高温热泉与地球早期的环境比较接近，生存于其中的微生物具有独特的基因和酶、特殊的生理机制，调节分子机制以及其中包含的对该种极端环境适应的遗传信息，为微生物资源的开发利用提供了宝贵的种质库。此外，热泉微生物参与了许多生物地质化学反应，在微生物成矿、生物冶金、有机物的分解及元素的地球化学循环中起重要作用。例如，在热环境中，热泉微生物不论是直接吸附矿物颗粒沉积到细胞表面，还是通过它们的代谢产物，都可以引起周围 pH 和氧化还原条件的改变，从而影响元素的地球化学循环。

（一）热稳定性酶的开发和应用

热稳定性酶是一类在高温中保温一段时间后，仍能保持一定活性的酶的总称，也称为耐热酶，广泛应用在生物科技和工业生产中，其中在去污剂工

业和淀粉工业领域使用的酶，90%是热稳定性酶，而来自陆地热泉的嗜热微生物和中温微生物则是热稳定性酶的主要来源之一。最经典的例子之一就是TaqDNA聚合酶，这种在现代分子生物学中有着重大意义的热稳定性酶，最初就是来源于从美国黄石国家公园的热泉中分离到的水生栖热菌。以前的新热稳定性酶筛选主要基于纯培养菌株，近年来，通过同源性分析和功能筛选等手段，又从陆地热泉发现了多种新型热稳定性酶，包括铁—超氧化物歧化酶、脂肪分解酶、酯酶和DNA聚合酶等。

（二）热泉高温好氧菌在堆肥中的应用前景

堆肥是处理来自厨余、餐饮，农业，畜牧和食品工业的有机废弃物的经典方法。相对于焚烧来说，堆肥既经济安全，又对环境有益。而且焚烧有机废物还要消耗大量的原油。因此，如果能够采用对有机废物的堆肥而不是焚烧，则能够降低CO_2的排放量。堆肥不需要很复杂的设备，而焚烧则需要昂贵的焚烧炉。另外，堆肥不会产生氮氧化物（NOx），硫氧化物（SOx）和二噁英这些对环境安全有害的物质，并且最终产物可以被用作肥料和土壤改良剂来增加作物产量。堆肥的过程不仅可以杀灭致病的微生物和病毒，还可以杀死杂草种子。焚烧慢慢在很多国家开始禁止，对于有机废物的堆肥也就随之变得越来越重要。

在堆肥的过程中，微生物起到至关重要的作用。虽然最初过程是由嗜温微生物作为先锋种参与，但是在堆肥作用的高峰，并且对堆肥质量有明显影响的主要还是嗜热菌。随着堆肥过程中的物理化学变化，堆肥内部的微生物种群的生态系统也在发生着数量和质量的改变。最优化的堆肥质量取决于堆肥生态系统中微生物种群的组成和传承。这需要在空间尺度上检测和表征微生物种群的组成、模式，以及种的多样性的动态变化。随着非可培养分子技术的发展，类似"种群基因组"为代表的遗传信息可以为监测自然生态系统中微生物的遗传多样性和代谢能力提供巨大的资源。

陆地热泉中存在着丰富的嗜热微生物资源，其中生活着大量的好氧、嗜热微生物，在不同的热泉生境中，具有丰富多样的代谢类型，为分离得到适用于堆肥并且高效工作的好氧、极端嗜热微生物提供了天然的宝库。

（三）热泉微生物在金属污染治理中的应用

有毒金属的环境污染对于生物群和人类健康来说都是一个严重的威胁。

对于这类污染物的微生物介导的修复方法的出现，对于传统的处理方式具有潜在的替代性。陆地热泉微生物由于其本身就生存和繁盛于高温环境中，同时还要面对其他的胁迫条件，如高浓度的重金属，它们针对其生活的严酷环境进化出各种生存策略。这就有可能为较高温度中对金属的生物修复提供巨大的机会。

陆地热泉微生物在其天然的环境当中常常要面对高浓度的溶解金属，因此具有一些独特的细胞壁结构、代谢和酶的特征，正是这些特征促进了金属—嗜热微生物的相互作用。对于生物修复来说，金属的生物吸收/生物累积是最为有效和广泛应用的方法。嗜热微生物对于金属的生物吸收方式可能与嗜温生物有着很大差别。微生物通过氧化/还原反应对金属进行变性，改变了金属在生态系统中的形态和分布，并由此改变了金属的毒性。这就可以在金属的回收和修复中被应用。在金属的生物修复当中，硫酸盐类和金属类还原菌同时被深度地开发和应用。在高温中，具有较高金属耐受性和代谢特征的嗜热菌，可能存在通过硫氧化或者铁氧化过程对金属的增溶作用。嗜热微生物种群可以通过将金属还原和对各种有机或无机底物的氧化耦合起来，从而同时进行降解和生产功能。嗜热微生物能够在合适的温度下，在较长的时间范围内还原光谱的金属，能用于对于放射性废物处理场的高温废水的生物修复过程中对于有毒金属/放射性核素的固定作用。

对于金属污染土地，沉积物和水体的生物修复是一项多方面的工作，需要利用从单分子到整个微生物的多样性的生物活性物质。要使这项技术更具吸引力，就需要使其适应在特殊环境条件下的特殊污染问题。发展原位处理方法，在原地处理，特别是在高温条件下处理混合废料和核素废物是一个主要的目标。就目前对高温下的可行的微生物处理的研究结果来说，这一对除去金属污染的理论是可行的。

在受污染区域生存的嗜热微生物的分布、多样性和它们编码适应严酷环境的基因都应在将来的研究中得到重视。宏基因组的研究可以为这种特殊环境下的嗜热菌的系统发育和功能多样性提供关键的信息。这种研究也能够让这类土著微生物在其基因组上针对其天然习性存在的代谢潜力展现出来。对于高温地热环境的宏基因组测序可为评估和了解这类生长在极端环境的微生物种群的主要成员提供一个很好的工具，同时也能揭示它们能够在这种环境中生存和生长的相关功能。

（四）地热环境中的生物矿化作用

生物矿化过程就是各种生物体内部或外部生长骨骼、牙齿、外壳和无脊椎动物生长外骨骼这类无机矿物的过程。磁铁矿、铁矿、金矿、碳酸钙、磷酸钙和硅酸盐都是人们熟知的生物矿物的例子。虽然二氧化硅是地壳中含量最丰富的化合物，在很多的地热环境中，二氧化硅的沉积都是一个重要的地质过程，但是它对于微生物没有多少用处。

在硅酸盐沉积形成的过程中，同时涉及无机的化学反应和微生物的生命活动。在地热发电厂的管道和设备中可形成硅酸盐沉积，其中的土著微生物种群当中，栖热菌属种的极端嗜热菌是最主要的组分，这也是导致快速形成硅酸盐沉积的原因。体外试验表明，栖热菌细胞在其指数生长期会诱导过饱和非晶体的二氧化硅沉降。在细胞的外壳组分中分离出了二氧化硅诱导蛋白（Sip），Sip 的氨基酸序列和铁离子联合的 ABC 转运子的溶质结合蛋白具有相似性。随后的研究表明，Sip 促进二氧化硅在细胞表面沉积，然后硅化的细胞外膜就可以用来抵御肽类抗生素的破坏。热泉水体中溶解的二氧化硅在营养限制性的条件下对于维持微生物的生存是一种非常重要的组分。因此，嗜热菌可能正是利用这种生物硅化过程来生存的。

第三章
工业微生物资源的开发利用

近年来，随着宏基因组学、蛋白质组学和代谢组学等技术的发展，工业微生物技术在资源、医药和手性合成等领域已经成为热点技术。基于此，本章主要内容包括食品、医药微生物，化工、能源微生物，微生物在工业发酵中的开发利用。

第一节　食品、医药微生物

一、食品微生物

（一）传统发酵食品中的微生物

中国和其他东方国家的饮食文化源远流长，传统发酵食品扮演着重要角色。酱油与酒类等代表性调料和饮品，历经时间考验，成为人们餐桌上的美味、佳酿。微生物和酶在发酵过程中发挥关键作用，通过相互作用形成丰富的营养物质和独特的风味，丰富了食品的口感、提高了食品的价值。这些传统的发酵技艺传承至今，继续为人们带来美味与健康。

1. 酱油

在酱油的生产中，曲霉、酵母菌、乳酸菌等微生物被广泛应用于工业酿造过程。酱油是中国和其他东方国家的传统发酵调味品，其历史可追溯至2000多年前。在酿造过程中，微生物起着至关重要的作用。这些微生物通过发酵作用，形成酱油中的营养物质和风味成分，赋予酱油独特的口感和风味。

酱油的发酵过程涉及多种微生物，其中曲霉、酵母菌和乳酸菌是最常用的微生物类型。它们与酱油中的成分相互作用，产生丰富的氨基酸、氨基酸盐和有机酸等物质，进而形成酱油特有的风味和香气。这些微生物的复杂生态系统相互协同工作，确保酿造过程的成功。

2. 酒类

中国作为酒类生产大国，拥有悠久的酿酒历史。以啤酒为例，它是世界上产量最大的酒种之一。啤酒的生产过程主要涉及麦芽和酵母的发酵。麦芽是主要原料，而酵母则是发酵的关键微生物。

在啤酒生产中，酵母负责将麦芽中的糖分转化为酒精和二氧化碳。这一过程被称为酵母发酵。啤酒酵母被细分为上面和下面两种类型，国内啤酒厂普遍使用下面啤酒酵母进行生产。它们能够高效地将麦芽中的糖转化为酒精，从而使啤酒获得所需的醇厚口感。

（二）现代发酵食品中的微生物

现代发酵食品中的微生物在食品制作中扮演着重要的角色，其中最常见的是面包和发酵乳制品。

1. 面包

面包是一种主要以小麦面粉为原料的发酵食品，而常用的微生物是酵母菌，它被用作生物松软剂。酵母菌是一种单细胞真菌，具有兼性厌氧的特性，这意味着它可以在有氧和无氧条件下进行发酵。

面包的制作过程依赖于酵母菌的发酵作用，当酵母菌与面团中的淀粉和糖分子相互作用时，产生的二氧化碳使面团膨胀。这一过程使面包在烘烤过程中变得蓬松，口感更加松软。得益于这一发酵作用，面包不仅美味，而且营养丰富，容易被消化吸收，因此备受广大消费者喜爱。

2. 发酵乳制品

发酵乳制品分为酸性发酵乳制品（酸乳）和醇型发酵乳制品，两类乳制品各自呈现出特点。酸乳采用新鲜乳或奶油作为原料，通过乳酸菌的发酵，产生了丰富的乳酸等化合物，赋予了产品独特的风味。这一类产品的代表包括了广受欢迎的酸奶、乳酸菌饮料、发酵酪乳，以及多种干酪和乳酪等。而醇型发酵乳制品则选用牛乳作为原料，通过乳酸菌和酵母菌的共同发酵制成，牛乳酒和马奶酒就属于这一类。与酸乳不同，醇型发酵乳制品在口感和风味上有截然不同的特质，因此受到了一部分消费者的青睐。

无论是酸性发酵乳制品还是醇型发酵乳制品，都在发酵过程中蕴含着微生物的魔力，为乳制品带来了丰富多样的风味和口感，满足了人们多样化的味蕾需求。

二、医药微生物

（一）微生物来源抗生素的研究与生产

抗生素是一类微生物、植物和动物来源的次级代谢产物及其衍生物，主要通过微生物的大量发酵法在工业化生产中获取。其定义是指在低浓度条件下能够对其他生物产生特异性抑制或影响作用的化合物。抗生素在医学上广泛应用于治疗感染性疾病，包括由病毒、细菌、真菌、原虫和寄生虫引起的疾病。同时，抗生素也被应用于某些癌症的治疗。

除了医学用途，抗生素还在其他领域发挥着重要作用。例如，它们应用于禽畜和植物病害的防治，有助于保障农业生产。此外，抗生素也在食品防腐和工业防霉等方面发挥作用，延长了食品的保鲜期，保障了食品安全。

一些抗生素具有广泛的生理活性作用，拓展了它们的应用范围。例如，某些抗生素具有特异性酶抑制作用，可干预特定生物化学反应的进行。此外，抗生素还可以进行免疫调节，有助于调整免疫系统的功能。另外，抗生素可以通过受体拮抗的方式影响生物体的信号传导，从而干预其生理过程。

（二）应用微生物生产各类生物药物

1. 微生物生产氨基酸类药物

微生物不仅能合成重要药物，例如，氨基酸、维生素和辅酶，而且氨基酸在维持机体蛋白质平衡和健康中扮演关键角色。通过微生物发酵法，这些药物的生产得以高效进行。该方法不仅在医药行业，而且在食品、饲料和化工等多个行业广泛应用。

2. 微生物生产维生素及辅酶类药物

绝大多数维生素通常需要从外部摄取。微生物的生产能力为人类提供了另一种获得维生素的途径。此外，维生素在体内以辅酶或辅基的形式参与酶促反应，对机体代谢起着重要的调节作用。因此，通过利用微生物生产维生素和辅酶类药物，不仅可以满足人们的生理需求，还能促进机体健康和平衡。

第二节　化工、能源微生物

一、微生物能源及其应用领域

（一）微生物产沼气

微生物产沼气是一种将有机物转化成混合气体(主要成分为CH_4和CO_2)的过程,它的原理和发酵工艺已大致清晰和定型,但仍存在一些问题,例如,发酵沼气生产率较低、能源成本较高、代谢产物的开发利用不足等。

为推动微生物产沼气产业的发展,政府在该领域应发挥积极的支持作用。首要任务是加强沼气发酵微生物学研究,着眼于提升微生物的原料降解能力和底物供给水平。通过深入探究混合菌种的组成、功能以及控制机制,有望显著提高沼气生产的转化效率,从而提升产业整体效益。同时,还应关注发酵代谢产物中的生理活性物质,不仅可以提高沼气产物的附加值,还有望开发出在医药、化工等领域具有广泛应用潜力的物质。这些生理活性物质可能成为创新的原材料,为不同领域的科技创新提供支持。因此,政府的支持不仅能够推动微生物产沼气产业的发展,还有望为相关产业拓展新的发展方向,实现产业的可持续增长。

（二）微生物生产燃料乙醇

微生物发酵途径产生乙醇的机制因微生物的不同而异。例如,酵母利用 EMP 途径[①]进行乙醇发酵,而发酵单胞菌则利用 ED 途径[②]。酵母对于细胞再循环较为适合,耐受高盐溶液,该项技术已经相当成熟,工业化程度也很高。

酵母发酵也存在一些限制。酵母不能利用广泛且廉价的底物,如大部分寡糖、纤维素、半纤维素、纤维二糖和戊糖,导致生产乙醇的成本

---

① 糖酵解。

② 2-酮-3-脱氧-6-磷酸葡糖酸途径。

较高。

为降低乙醇的生产成本，一些厌氧梭菌属细菌被研究，它们能够将乙醇发酵的两个阶段合并为一步。这种合并能降低生产成本，然而由于副产物中含有大量有机酸和硫化氢，而且这些细菌的耐受性较低，所以目前尚未被大规模应用。

运动发酵单胞菌也具备产生乙醇的能力，但其底物选择范围较窄，同时产生较多其他物质，并且容易被杂菌污染。

微生物产乙醇的过程仍然面临一些挑战。其中之一是能源消耗问题，乙醇的生产需要消耗大量能源。此外，污水处理也是一个需要解决的问题，因为发酵过程会产生废水，其的处理对环境保护至关重要。

二、微生物传感器与 DNA 芯片

（一）微生物传感器

传感器是一种能够感知特定物质浓度并将其转化为可用信号的装置。其构成主要包括敏感元件、转换器件、电子线路，以及机械设备和附件等。根据其应用领域和工作原理的不同，传感器可以分为物理、化学和生物三大类，其中生物传感器又可以进一步细分为多种类型。

微生物传感器作为生物传感器的一种，其敏感元件通常采用固定化微生物细胞，而转换器件则包括电化学电极或场效应晶体管（FET）。这类传感器的基本原理在于通过测量微生物下的溶解氧消耗量或电极上的活性物质质量来反映被检测物质的浓度。

在测量过程中，可以采用气敏电极（如氧电极）、离子选择性电极（如 pH 电极）或其他物理、化学检测器件来测量被检测物质的浓度。通过这些检测器件，微生物传感器能够高效地监测环境中的特定物质，并将其转化为电信号输出，进而实现对被测物质的定量分析。

微生物传感器是一种起源于研究粪链球菌，用于制成测精氨酸的传感器。如今，这项技术已广泛应用于临床诊断、食品检测、发酵监控、产物分析以及环境质量监测等领域。

在临床诊断方面，微生物传感器被用来测定血糖等疾病常用指标，为医疗诊断提供了重要的依据。

在环境监测方面，微生物传感器也显示出巨大的潜力。它们能够快速、简易地测定污水中的生化需氧量（BOD），这一过程优于传统的标准稀释法，能有效地监测和评估水体污染程度。

微生物传感器的独特之处在于它充分利用了微生物的多样性和特异性。这些特性为开发多种功能传感器提供了坚实的理论基础，使微生物传感器在不同应用领域表现出色。

相较于其他生物传感器，微生物传感器的制作更为简易，而且活性更为稳定，使用寿命更长。然而，与物理、化学传感器相比，微生物传感器受到环境条件的影响较大，敏感元件的寿命也较短，需要更频繁地更换固定化生物膜。

不过，科技的不断发展为微生物传感器带来了新的机遇。随着微电子、分子生物学、计算机和材料等多学科技术的交叉应用，预计会解决微生物传感器发展中的问题，并开发出更多、更有价值的微生物传感器用途。未来，人们可以期待微生物传感器在更广泛的领域发挥出更重要的作用，从而为人类的健康、环境保护和产业发展等方面带来更多的福祉。

（二）微生物 DNA 芯片

DNA 芯片是一种利用核酸杂交原理来检测待测 DNA 序列的先进技术。与一般核酸杂交技术相比，DNA 芯片采用了高度集成化的方法，将 DNA 探针固化在玻璃、硅片或尼龙膜上，使探针密度大大提高。这一高密度的探针阵列的制备方法结合了组合合成化学和微电子芯片的光刻技术，因此目前的 DNA 芯片密度可达每个芯片上有 100 万个探针，而且探针之间的间隔可以达到 $10 \sim 20 \ \mu m$。这一技术的强大之处在于它能够将整个人类基因组集约地固化在仅 $1 \ cm^2$ 大小的芯片上。

DNA 芯片是一种重要的生物技术工具，其样品处理和检测方法是其关键特点之一。在处理过程中，样品首先经过必要的预处理步骤，然后滴加在芯片表面。通过杂交和荧光信号检测技术，研究人员能够观察到 DNA 探针与样品分子的相互作用，并利用激光共聚焦显微镜来捕捉 DNA 探针或样品分子发出的荧光信号。这些信号经过计算机软件的处理，能够获得关于检测 DNA 序列及其变化的信息，为进一步的数据分析奠定了基础。

DNA 芯片的制作技术借鉴了微电子芯片制造技术，通过精密的微纳加工工艺，实现了高度的集成化效果。与传统的计算机芯片不同，DNA 芯片并非电子器件，而是专注于生命信息的储存和处理。这种独特的制作技术为生命科学研究提供了强大的工具，使科研人员能够更深入地探索基因组的奥秘。

微生物 DNA 芯片作为 DNA 芯片的一个重要应用领域，特别是在临床诊断中具有显著的优势。通过利用微生物寡核苷酸制成的芯片，可以储存与微生物多样性和基因多样性相关的生命信息。在常见疾病的病原微生物诊断中，微生物 DNA 芯片表现出高度的准确性、敏感性、速度和自动化水平，为医学领域带来了革命性的变革。中国在这一领域取得了重要的突破，成功研制出用于病毒基因检测的微生物 DNA 芯片，为未来的应用前景创造了广阔的空间。

微生物 DNA 芯片对基因组学领域的影响也是不容忽视的。其在人类、其他动物和植物基因组研究中将扮演更为重要的角色。微生物基因功能相对容易检测和获取，而且其基因组相对较小，使取样和操作变得更加简便。因此，微生物 DNA 芯片有望在基因组学领域为科学家们提供更多有关基因功能和相互关系的重要信息，推动基因组研究的进一步发展。

虽然微生物 DNA 芯片领域目前仍存在一些技术问题和设备昂贵问题，但这一领域的发展迅速，前景乐观。人们普遍认为，DNA 芯片在 21 世纪对人类各个方面的影响将可能超过 20 世纪微电子芯片的影响。微生物 DNA 芯片将开创生命信息研究和应用的新纪元，对社会的发展和进步起到重大作用。

三、微生物塑料与功能材料

（一）微生物塑料

微生物塑料是一种具有许多优势的新型材料。微生物塑料可以完全生物降解，其降解产物还能改良土壤结构，同时可以作为肥料，具有很高的环保价值。微生物塑料具备许多出色的物理特性，如高相对分子质量、高结晶度、高弹性和高熔点。这使它在许多工业应用领域具有广阔的发展前景。微生物塑料在医药领域也有着广泛的应用前景。它具有抗紫外线的特性，且无毒、生物相容性好，不会引起炎症，而且透明易着色，这使它在制造医疗器械和药品包装方面非常有潜力。

然而，微生物塑料仍面临一些挑战。其中主要问题是生产成本较高，导致成品价格较贵，限制了它的广泛应用。目前，微生物塑料只能在特定需要的地方使用。但是随着环保意识的不断提高，优良菌种的选育和工艺技术的不断改进，微生物塑料有望成为一个重要的产业。随着技术的发展和生产规模的扩大，预计微生物塑料的生产成本将会下降，成品价格将更加合理，从而推动其在更广泛领域的应用。这一趋势将使微生物塑料在环保和可持续发展方面发挥更大的作用，为社会和环境带来更多的益处。

（二）微生物功能材料

自然界的生物在漫长的进化过程中，经过适者生存的筛选，形成了许多具有广泛功能的大分子，如蛋白质、核酸、多糖和脂质。这些大分子在生物体内发挥着诸多作用，包括能量转换、信息处理、分子识别、抗辐射、抗氧化、自我装配和自我修复等。人们充分利用这些大分子的特性，致力于研究和开发生物功能材料，这些材料可用于制造各类电子元件。

其中，微生物因其多样性成为功能材料研究的热点。盐生盐杆菌产生的细菌视紫红质（BR）是最具代表性的材料之一。BR 具有独特的性质，在光照射下可以按顺序发生结构变化，因此可以被用作光开关，用来表示信号"0"或"1"，用于记录数字信息。

与传统的硅半导体相比，BR 作为电子器件材料具有许多优势。它拥有密集度高、开关速度快、稳定又可靠、耗能少等特点。事实上，其密集度甚至可以达到现有半导体超大规模集成电路的 10 万倍，而开关速度更是比目前半导体元件高出 1 000 倍以上。除了 BR，微生物还产生其他有用的有机化合物。比如，半醌类有机化合物和黑色素也具备类似 BR 的功能，因此也成为功能材料研究的重要对象。

要真正将 BR 应用于电子器件，特别是作为生物计算机的装配元件，仍然需要做更多的基础研究和工作。科学家们需要深入探索 BR 的性质和特性，寻找适合的应用场景，并不断优化材料的制备方法和工艺流程。只有经过进一步的努力和研究，才能实现将 BR 等微生物产生的材料真正投入电子器件的制造中，从而推动生物功能材料的发展和应用。

第三节　微生物在工业发酵中的开发利用

一、微生物发酵生产有机溶剂

有机溶剂的生产方式正经历着重大的变革。曾经依赖于石油化工产品的有机溶剂制造，因为全球石油供应紧缺，人们逐渐开始关注利用发酵法来生产有机溶剂。近年来，发酵法的研究取得了快速的进展，各种新技术和新工艺被应用其中，特别是固定化菌体（细胞）生产有机溶剂已经达到了工业规模生产的阶段。

微生物发酵法作为一种生产有机溶剂的技术，越来越先进，甚至某些产品的生产方法已经取代了传统的化学合成法。其中燃料酒精的生产主要依赖于发酵法，通过微生物的发酵或固定化微生物的生产，酒精被广泛应用于汽车燃料。在世界各国，掺入酒精的汽油得到了广泛应用，这对于应对能源紧张和环境保护具有重要意义。

（一）2,3-丁二醇的发酵生产

产生 2,3-丁二醇的微生物主要包括产气杆菌、嗜水假单胞菌、粘质赛氏杆菌、枯草芽孢杆菌和多粘芽孢杆菌。微生物发酵是 2,3-丁二醇生产的主要方法，因为 2,3-丁二醇具有三种立体异构体。发酵底物的选择至关重要，包括淀粉水解液、木材水解液、葡萄糖和废糖蜜等。微生物在发酵中扮演着关键角色，常用的有产气杆菌和多粘杆菌。为了提高发酵效率，预处理步骤显得尤为重要。这包括预先糖化淀粉以释放可用碳源，同时添加必要的营养盐和氮源，以满足微生物的生长需求。在整个过程中，控制条件是不可或缺的。适宜的 pH 和温度能够创造出最佳的生长环境，而适当的通气量则有助于维持微生物的代谢活性。

产量是衡量发酵效果的重要指标，以 2,3-丁二醇为例，其产量可达投入糖量的 40%～50%。产品回收也是一个具有挑战性的环节。由于 2,3-丁二醇含量较低且沸点较高，所以回收工艺显得尤为重要。在回收方法方面，醪过滤后，丁醇抽取和蒸馏方法常被采用，以实现对产物的高效

回收与纯化。

最近，人们开始采用固定化细胞的方法来生产 2,3-丁二醇，以获得更高的产量和质量浓度。与化学合成法相比，微生物发酵法在经济上具有优势，尤其是在原料充足的情况下。未来的发展方向包括筛选高效的菌种以及进一步降低生产成本。

（二）1,3-丙二醇的发酵生产

1,3-丙二醇作为一种重要的化工原料，拥有广泛的应用领域。它被广泛地用于制造聚酯和聚氨酯，同时也被用作溶剂、抗冻剂以及保护剂等。微生物发酵法被广泛应用于 1,3-丙二醇的生产，因为该方法反应温和，操作简便，能够减少副产物的生成，同时也符合环保要求。

在微生物发酵法中，主要有两种关键方法被采用：一种方法是利用基因工程菌，通过对葡萄糖进行合成，从而获得 1,3-丙二醇；另一种方法是利用肠道细菌，将甘油转化为 1,3-丙二醇。在这两种方法中，基因工程菌的产量相对较低，工业化应用上仍有一定的差距。与之相比，利用肠道细菌的方法具有明显优势，它能够实现更高的甘油转化率以及提高 1,3-丙二醇的浓度，为大规模工业化生产提供了更可行的途径。

通过将葡萄糖作为辅助底物，可以将甘油的转化率提高到接近 100%。这种方法对于提高 1,3-丙二醇的生产效率具有重要意义。

二、微生物发酵生产有机酸

在 20 世纪初，微生物纯培养技术的进步推动了微生物发酵方法的发展，用以获取有机酸，逐渐取代了植物果实榨汁的传统方法。然而，正是在 20 世纪 40 年代，食品、医药和化学合成等工业的快速发展导致了对有机酸的需求激增。于是，发酵法成为工业微生物领域的重要应用之一，用来生产所需的有机酸。如今，大部分有机酸的生产都采用发酵法进行。而柠檬酸、乳酸和葡萄糖酸等是应用广泛且用量巨大的有机酸。它们在食品、饮料、制药等许多行业中发挥着重要的作用。这些有机酸的发酵生产不仅提供了可持续的替代品，还促进了工业的发展和创新。随着科技的进步，未来可能还会有更多的有机酸通过发酵法来生产，以满足不断增长的需求。

（一）柠檬酸的发酵生产

1. 柠檬酸生物合成的途径

柠檬酸是一种重要的有机酸，它在生物体内的合成过程可以通过不同的途径进行。

（1）糖质原料经 EMP 途径、丙酮酸羧化和三羧酸循环而形成。丙酮酸可以进一步转化为乙酰 CoA 或草酰乙酸。草酰乙酸与乙酰 CoA 缩合形成柠檬酸，并进入三羧酸循环进行进一步的代谢。

柠檬酸的生产通常利用微生物在代谢过程中积累柠檬酸的中间产物。在这个过程中，黑曲霉是一种重要的微生物，它具有 EMP 和 TCA 环[①]的相关酶。当 TCA 环被阻断时，柠檬酸才会积累。虽然黑曲霉缺乏苹果酸酶，无法直接产生柠檬酸，但它存在两种 CO_2 暗固定体系，可以提供草酰乙酸。此外，乙醛酸环酶系也可以提供草酰乙酸，但转化率较低。

（2）柠檬酸可由 HMP 途径产生，同位素实验证明其可由该途径生成。应用 HMP 途径降解抑制剂，可调控柠檬酸的生成。

2. 柠檬酸生物合成的调节

柠檬酸是一种微生物代谢的中间产物，通常不会在细胞内积累，而其积累往往源于代谢的紊乱。这一过程需要强大的酶系统来支持，因为柠檬酸后代谢酶的活性相对较弱，而糖酵解调节则成为调控因素之一。

最近的研究聚焦于黑曲霉 B_{60} 的酵解过程，揭示了柠檬酸在其中的作用。实验发现，柠檬酸在此过程中通过抑制磷酸果糖激酶（PFK）产生抑制作用，限制了关键代谢途径。然而，这一抑制作用可以被氨离子解除，为代谢调节提供了一种可能途径。

进一步的探究揭示了营养成分和氧供给对柠檬酸作用的影响。改变这些因素可以解除 PFK 受柠檬酸抑制的影响，从而恢复正常代谢。例如，在缺乏锰的培养基中，黑曲霉 B_{60} 减少了 HMP 途径和 TCA 循环酶的活性，同时增加了氨离子浓度和呼吸活性，以加强 EMP 途径的运转。此外，限制氮源供应也被发现会对代谢产生影响。在限制氮源的条件下，乌头酸酶的活性下降，而柠檬酸合成酶的活性上升，这导致了柠檬酸的大量积累。

---

① 三羧酸循环（TCA cycle）是需氧生物体内普遍存在的代谢途径。

3. 柠檬酸发酵的微生物育种

在工业生产中，有许多微生物可以产生柠檬酸，但最常应用的是曲霉属和酵母菌。其中，黑曲霉是工业生产中最为重要的曲霉之一，其能够产生超过20%的酸量。要提高柠檬酸的产量，其中 CO_2 的固定反应在柠檬酸的生物合成途径中扮演着重要的角色。CO_2 的固定反应对于提高产酸水平非常关键。通过基因工程方法，可以将柠檬酸合成酶基因扩增到高拷贝的质粒上，从而显著提高柠檬酸的产量。这种方法可以使工业生产中的微生物更高效地合成柠檬酸，从而满足市场的需求。这一技术的发展对于食品、饮料、医药等行业都具有重要意义，因为柠檬酸在这些领域中有广泛的应用。通过利用这些微生物的能力以及基因工程的方法，工业生产中的柠檬酸产量有望不断提高，为人们的生活带来更多的便利和选择。

4. 柠檬酸发酵原料

柠檬酸发酵的原料主要分为纯糖溶液、淀粉水解物和纤维水解物三类。其中，糖源对柠檬酸发酵的影响很大。蔗糖被认为是最好的糖源，其次是葡萄糖和果糖，而乳糖则排在第三位。然而，半乳糖虽然易于利用，却不适合用于柠檬酸的生产。

为了开发新的发酵原料，研究人员近年来开发了一些烷链和植物加工废液等新类型的原料。烷链的转化与碳链长度和使用的菌种有很大关系。研究发现，热带假丝酵母可以有效地将碳链长度在 $C_{13} \sim C_{17}$ 的烷链转化为柠檬酸。此外，一些植物加工废液如凤梨渣、桔渣和甘蔗渣等也可用于柠檬酸的生产。

在柠檬酸生产领域，烷烃的发酵制备成为一个备受关注的焦点，这主要源于新原料的开发。相较于其他原料，烷烃具有不含干扰发酵的杂质的优势，使其成为生产柠檬酸的理想选择。尽管假丝酵母常被应用于发酵过程，但其副产异柠檬酸的问题一直困扰着生产过程。为了解决这一问题，已采取了一系列措施。例如，通过控制铁离子浓度，有效地减少了异柠檬酸的生成；引入了抑制剂，有效地抑制了假丝酵母副产物的产生；针对假丝酵母进行了突变株的选育，使其在发酵过程中不再生成异柠檬酸。这些措施的成功实施，显著地提高了柠檬酸的产率，为烷烃发酵生产柠檬酸的过程带来了新的突破。

5. 柠檬酸发酵工艺

（1）深层发酵工艺流程。中国的薯干粉发酵工艺以其相对简单的工艺流程而闻名。最显著的改进之一是采用了液化工艺来取代传统的糖化工艺，这一举措不仅省去了繁琐的液化醪净化步骤，还大大提高了生产效率。

在生产厂中，种子预培养工艺被广泛采用。在硫酸灭菌处理后的种子罐中添加营养盐，然后在 35 ℃的条件下进行冷却。随后，通过接种麸曲并在通风环境中进行 20～30 小时的培养，利用无菌压缩空气将发酵液输入发酵罐中。发酵培养基在冷却后即刻接种，在 35 ℃的恒温条件下，通过通风搅拌进行为期 4 d 的培养。在培养过程中，当酸度不再上升且残糖降至低于 2 g/L时，便立即将发酵液泵入贮罐中进行提取。

（2）影响深层发酵的因素。

温度。温度的控制对深层发酵起着决定性的作用。在低温环境中，长菌的生长速度会减慢，产酸过程也会变慢。而在高温环境中，杂酸的生成和菌体的形成数量会相对过多。适宜的温度因基质差异而异，所以需要根据具体情况进行调控。

pH。不同的微生物在产酸过程中对 pH 的要求不同。黑曲霉的生长和柠檬酸的积累需要在不同的 pH 条件下进行。一般来说，在 pH 为 3 到 7 的范围内，深层发酵效果较好。在长菌期之后，将 pH 降至 3 以下有利于柠檬酸的积累。

种子的质量。种子应该在糖化酶活力高峰之后的几小时内接入发酵罐中。此外，补充一定量的硫酸可以增加糖化酶的活力，提高深层发酵的效果。

中和剂。在薯干粉发酵的前期，添加适量的 $CaCO_3$ 可以促进产酸的同时降低残糖的含量，还可以保护糖化酶和微生物菌体的稳定性。然而，其他中和剂的效果较差，比如添加 NaOH 和 KOH 易形成草酸，对深层发酵的效果不利。

6. 柠檬酸提取工艺

柠檬酸成熟发酵醪是一种复杂的混合体系，其中含有各种成分和杂质。要获得高质量的柠檬酸产品，提取工艺是至关重要的步骤。目前在中国，钙盐法主要采用的是柠檬酸提取工艺，该过程包括中和、酸解、净化和结晶等多个步骤。然而，近年来，柠檬酸提取工艺研究取得了一定进展，涉及树脂吸附、离子交换、液膜分离和膜技术等新技术。

其中，液-液萃取法是一种备受关注的有前景的柠檬酸提取工艺。与传统的钙盐法相比，液-液萃取法具有多项优点：① 可以实现更高的提取率，有助于提高柠檬酸产量；② 不产生工业废渣，对环境的影响较小；③ 可以进行连续化和自动化操作，提高生产效率。

尽管液-液萃取法在柠檬酸提取领域呈现出巨大的潜力，但仍需进一步研究和改进。科学家们需要深入探索不同的溶剂选择、操作参数和设备设计，以优化柠檬酸的提取过程。此外，还需要考虑工艺的经济性和可行性，以实现工业化生产。

（二）乳酸的发酵生产

乳酸的化学名为 2-羟基丙酸，被归类为有机酸之一，占据了三大有机酸的重要地位。其生产主要通过发酵过程进行，而这一过程牵涉多种不同的菌种，如德氏乳杆菌、保加利亚乳杆菌以及干酪乳杆菌。在这些菌种中，干酪乳杆菌在乳酸的生成方面发挥着关键作用，能够合成出 D-乳酸，而米根霉和某些毛霉则同样拥有乳酸的合成能力，其中尤以米根霉在生产 L-乳酸方面表现出色。

乳酸的发酵过程可利用多种不同的原料进行，如玉米粉、薯干、蔗糖或甜菜糖、糖蜜等。然而，在整个发酵过程中，培育所选用的菌株起到了至关重要的作用，因为它对乳酸的产量和质量具有决定性影响。国外成功运用德氏乳杆菌，并将其引入细胞循环反应器中，通过对葡萄糖或乳糖进行连续发酵，实现了高效的乳酸生产。

利用米根霉等真菌发酵生产 L-乳酸成为当前一个备受关注的研究和生产课题。这种方法可能提供更具竞争力的生产方式，并且在环境友好性方面表现出一定优势。

（三）葡萄糖酸的发酵生产

1. 生产工艺

葡萄糖酸的发酵生产是一项应用广泛的工艺，其衍生物在多个领域中有广泛的用途，包括作为络合剂、脱脂剂、洗涤助剂、食品添加剂和营养增补剂等。这一生产工艺一般采用黑曲霉进行发酵，通过液体深层发酵，使用高浓度水解糖和无机氮源等，发酵时间约为 40 小时。

在发酵过程中，调节 pH 至关重要。为避免对菌体的抑制，可以添加 $CaCO_3$ 使产生的葡萄糖酸成钙盐析出，或者通过添加 NaOH 溶液维持 pH 在 5.5～6.5，形成葡萄糖酸钠盐。

2. 发酵新工艺

工艺改进的主要目标是提高生产效率，侧重于增加糖浓度、提高转化率以及缩短发酵时间。采用流加葡萄糖方法具有诸多优势，包括增加发酵罐的利用效率，同时促进葡萄糖酸的生物合成过程。研究的最终目标是实现葡萄糖的平均容积产率达到 300 kg/（d·m³）。葡萄糖酸的发酵过程具有特点，其中包括较大的接种量需求、较短的发酵周期以及菌体的稳定性。此外，该工艺还可实施菌丝体的循环使用，进一步提高生产效率。

除了传统的发酵生产方式，还有一种氧化法生产葡萄糖酸的方法。这种方法可以利用酶和其他催化剂，使用空气或过氧化氢来氧化葡萄糖，从而制备葡萄糖酸。然而，由于耗氧量大且传氧速率问题仍是挑战，而过氧化氢又有毒性且昂贵，所以该方法尚未工业化生产。

三、微生物发酵生产氨基酸

（一）谷氨酸的发酵生产

1. 谷氨酸生产菌的育种

（1）降低或中断支路代谢是必要的，这样可以引导代谢通向谷氨酸的生成途径。

（2）解除菌株内部的反馈调控至关重要，特别是解除谷氨酸脱氢酶的反馈调控，以培育出高渗透耐受性的菌株。

（3）为了增加前体物的合成，需要加强三羧酸循环的功能，从而提高谷氨酸的生成效率。

（4）强化 CO_2 固定反应，有助于提供更多的前体物供应，从而促进谷氨酸的积累。

2. 谷氨酸发酵研究的新进展

（1）利用基因工程技术构建谷氨酸工程菌株。常用的载体有质粒 pCG4 和 pAM330，并采用鸟枪法或基因扩增等方法使关键酶基因失活，以调控菌株代谢途径，实现谷氨酸的大规模产生。

（2）改进发酵工艺。开拓新的原料来源，如醋酸、乙醇等，或将不同糖质原料混合使用，这有助于提高转化率和产酸率。采用电子计算机来控制发酵条件，则能够自动调节营养物质的浓度，从而提高转化率。这些工艺改进的应用使谷氨酸发酵生产变得更加智能化和高效化。

（二）赖氨酸的发酵生产

工业发酵生产赖氨酸是通过复杂的生物合成过程实现的。首先，葡萄糖是起始物质，经过糖酵解作用分解成丙酮酸；其次，丙酮酸通过 CO_2 固定反应转化成四碳二羧酸。在四碳二羧酸的作用下，氨基化反应将氨基与其结合形成天冬氨酸。这一反应需要天冬氨酸激酶等催化作用来促进。天冬氨酸进一步转化成天冬氨酸半醛，并通过二氢吡啶-2，6-二羧酶合成酶等催化作用得到赖氨酸。这是赖氨酸生物合成的关键步骤。

为了提高赖氨酸的产量，工业生产中采取了以下几种途径：

（1）增加前体物的生物合成。这包括选育丙氨酸缺陷型（Ala-），使丙氨酸不能正常合成，从而促进赖氨酸的生成。同时，增加前体物天冬氨酸的供应，也有助于增加赖氨酸的产量。另外，应用柠檬酸合成酶低活性突变株或磷酸烯醇丙酮酸羧化酶高活性突变株，可调控相关酶的活性，有利于赖氨酸的合成。

（2）解除代谢互锁。这包括选育亮氨酸缺陷型（Leu-），使亮氨酸合成受到限制，从而避免亮氨酸与赖氨酸的相互竞争，提高赖氨酸的产量。此外，选育抗亮氨酸类似物突变株也有助于解除代谢互锁，增加赖氨酸的合成。

（3）选育温度敏感突变株（tem[8]）。特别是选育亮氨酸温度敏感突变株，可以在特定温度下提高赖氨酸的产量，为工业生产提供了一种有效的策略。

通过综合运用这些方法和策略，工业发酵生产赖氨酸的产量可以有效地提高，满足不断增长的市场需求。这将在医药、食品等领域发挥重要作用，并推动赖氨酸的广泛应用和研究。

（三）苏氨酸的发酵生产

苏氨酸是天冬氨酸族氨基酸分支途径的产物，亦为异亮氨酸的前体。尽管赖氨酸的代谢已被广泛研究，但苏氨酸的代谢控制更为错综复杂。苏氨酸与赖氨酸在代谢途径中共同发挥重要作用。这两者相互关联，通过多种途径实现平衡。苏氨酸参与调控关键酶，如天冬氨酸激酶 AK 和高丝氨酸脱氢酶 HD，从而实现精密的反馈调节机制。

选育营养缺陷型和抗代谢调节的多重突变株，以便积累更多的苏氨酸，可以采用这些方法：① 解除反馈调节可以增加产物积累；② 切断不必要的代谢支路，有助于将有限的代谢通量引导至苏氨酸的合成途径；③ 阻断产物的分解，可以有效提高苏氨酸在细胞内的积累量。

为了培育高产苏氨酸的菌株，选育途径包括几个关键步骤：首先，解除自身的反馈调节，使苏氨酸的合成途径不再受到抑制。其次，切断蛋氨酸和赖氨酸的支路代谢，将这些氨基酸的合成途径与苏氨酸的生产分离开来，以避免竞争和损耗。同时，限量供应这些氨基酸，使代谢通路朝着苏氨酸的生产方向倾斜。

除此之外，进一步提高苏氨酸产量的方法是筛选多重遗传标记突变株。通过定向选育，确定了一些重要的遗传标记，例如，$AHV^r + Met^- + Lys^-$（或 DAP^-）$+ AEC^r + Ileu^-$（或 $Ileu^-$ 或 $Ileu^S$）$+ SG^r$，这些标记有助于增强苏氨酸的合成能力。

（四）芳香族氨基酸的发酵生产

1. 生物合成调节机制

谷氨酸棒杆菌作为一种重要的微生物资源，在氨基酸生产领域有着广泛的应用。其独特的芳香族氨基酸生物合成调节机制引起了人们的浓厚兴趣。该生物合成机制涉及多个关键酶，其中第一个限速酶是 3-脱氧-D-阿拉伯庚酮-7-磷酸（DAHP）合成酶。这种酶在调控通路中具有至关重要的作用，其活性受到苯丙氨酸和酪氨酸的协同反馈抑制，而色氨酸则能够增强这种抑制效应。第二个限速酶是氨茴酸合成酶，它受到色氨酸的抑制，与分支酸之间存在竞争，从而在调节合成通路平衡方面发挥着重要作用。在整个调节网络中，第三个限速酶是预苯酸脱水酶，其活性受到苯丙氨酸的抑制，但能够被酪氨酸激活。同时，色氨酸的存在也对该酶的调节产生了交叉抑制和激活的效果。第四个限速酶是分支酸变位酶，它同样受到苯丙氨酸或酪氨酸的抑制，但能够被色氨酸激活。该酶在调节通路中的地位十分重要，因为它直接影响了芳香族氨基酸的生物合成产量。

色氨酸在整个调控过程中扮演着不同角色。它不仅通过对 DAHP 合成酶和氨茴酸合成酶的调节影响了通路的起始阶段，还通过对预苯酸脱水酶和分支酸变位酶的调控对通路的后续步骤产生影响。

酪氨酸对本身末端途径的第一个酶预苯酸脱氢酶有轻微的抑制作用，这也是谷氨酸棒杆菌芳香族氨基酸生物合成调节机制的一部分。

2. 苯丙氨酸的发酵生产

苯丙氨酸是合成天冬甜精（L-α-天冬氨酰-L-苯丙氨酸甲酯）的重要原料。随着对天冬甜精需求的不断增加，其相较蔗糖有相同甜味但发热量仅为蔗糖的1/200，苯丙氨酸的生产进入了热潮。

苯丙氨酸的生产可通过酶法和直接发酵法两种途径实现。值得关注的是味之素公司，作为首家采用直接发酵法生产L-苯丙氨酸的企业，其方法备受瞩目。直接发酵法所用特定菌种包括短杆菌属、棒杆菌属、芽孢杆菌属以及酵母菌。为选育高产苯丙氨酸的菌株，科研人员采取了一系列策略，如解除自身反馈调节、切断合成酪氨酸和色氨酸的支路代谢，以及遗传性地解除苯丙氨酸、色氨酸和酪氨酸的反馈调节。这些方法中，抗性兼营养缺陷型突变株的应用尤为显著。

3. 色氨酸的发酵生产

L-色氨酸是一种重要的氨基酸，它在许多生物体的代谢过程中扮演着关键角色。目前，有多种方法可以生产L-色氨酸，包括化学合成、添加前体发酵和直接发酵法。

谷氨酸棒杆菌的生物合成色氨酸过程受到调节机制的影响。为了提高色氨酸的产量，有两种主要方法：一是利用营养缺陷型和调节突变株，通过解除调节机制，从而提高生产量；二是基因工程技术可用于扩增限速酶基因，从而增强合成途径，进一步提升产量。

在大肠杆菌中，色氨酸合成酶基因结构集中，由同一调节基因控制，形成色氨酸操纵子。利用这一特性，可以构建高产色氨酸的菌株。通过引入适当的基因工程改变，可以调节这些操纵子的表达，从而实现高效的色氨酸生产。

第四章
土壤微生物资源的开发与利用

土壤微生物是土壤生态系统中不可或缺的组成部分，对土壤质量和农田生产力具有重要影响。开发和利用土壤微生物资源是实现可持续农业和环境保护的关键。本节重点分析土壤微生物、土壤微生物的分类及保藏、土壤微生物资源的应用技术。

第一节　土壤微生物概述

土壤微生物在土壤生态系统中扮演着重要而多样的角色。它们对于分解有机质至关重要，能够将复杂的有机物质分解成较简单的化合物。土壤微生物参与腐殖质的形成，腐殖质是对植物生长有益的有机物质。土壤微生物在土壤的总代谢活动中发挥着关键作用，涉及有机质分解、腐殖质形成和养分转化等重要过程。事实上，土壤微生物直接或间接地参与几乎所有土壤中的有机质的分解、腐殖质的形成和养分的转化等生物化学过程。作为土壤有机物质转化的执行者，土壤微生物的活性直接影响着土壤向植物提供养分的能力。它们也充当着土壤养分的储存库，为植物生长提供着重要的养分来源。

一、根圈微生物

（一）根圈和根圈效应

根圈是植物根系直接影响的土壤范围，包括根系表面至几毫米的土壤区域。在这个范围内，植物进行养分的吸收，并与微生物相互作用，通过分泌物质与土壤进行交流。根圈中含有丰富的有机物质，包括渗出物、分泌物、植物秸液、秸质和溶胞产物等。这些有机物质的存在为根部提供营养，并为微生物提供生存和繁殖的环境。

根圈效应是指根圈内的微生物与根圈外土壤中的微生物在数量、种类和活性上存在明显的差异。根圈中的周围环境更适合微生物的繁殖，从而促使根圈内的微生物丰富多样。这些微生物与植物根系之间建立起密切的关系，互相依存。植物通过分泌物质与微生物进行交流，促进微生物的活动，并从微生物中获取营养和保护。

根土比是反映根圈效应的重要指标，它是根圈内微生物与根圈外土壤中微生物数量比例的一个衡量标准。一般来说，根土比为 5～20，但是不同植物和土壤会产生较大的差异。例如，农作物相对于树木表现出较大的根土比。此外，豆科植物的根圈对细菌的生长和繁殖有更强烈的刺激作用。

同一种植物在不同的生长期，根圈的效应也会有所不同。随着植物的生长和发育，根圈中的微生物群落也会发生变化。在植物生长初期，根圈往往会比较单一，微生物数量相对较少，而在植物生长后期，根圈中的微生物丰富度会增加，种类也会变得更加多样。

（二）根圈微生物类群

根据研究发现，根圈环境对根圈微生物的类群有着明显的选择作用。在根圈细菌研究中，人们发现随着根脱落物的增多，棒状细菌、芽孢杆菌和放线菌的数量也呈现增长的趋势。这种根圈效应对细菌生理群的影响是由根分泌物和其他微生物合成物质共同产生的。尽管根圈对细菌的生长具有刺激作用，但由于根分泌物的选择作用，根圈中细菌的种类相对较少。

一些常见的根圈细菌包括假单胞菌、黄杆菌和产碱杆菌等。在植物生长的早期阶段，根圈内的真菌数量相对较少，随着植物的生长成熟，真菌的数量逐渐增多。根圈真菌可以生长在根面上或侵入根的皮层细胞中，不同部位的真菌具有不同的特征。

常见的根圈真菌包括镰孢霉属、黏帚霉属和青霉属等。这些真菌在分解高分子碳化合物方面扮演着重要的角色。它们通过分解复杂的有机物质，释放出有益的养分，以供植物吸收和利用。这种共生关系对植物的生长和发育起着至关重要的作用。

植物根面或根内的真菌存在比例取决于植物和土壤条件。在不同的土壤环境中，不同类型的真菌会占据不同的比例。例如，镰孢霉常见于酸性土壤，而柱孢霉则更常见于中性土壤。

真菌活性随着植物生长而逐渐增强。当植物达到生长的最高峰时，真菌的活性也会达到顶峰。这是因为真菌与植物存在互惠共生的关系，它们通过根系和植物交换营养物质。植物提供碳源给真菌，而真菌则帮助植物吸收土壤中的养分。

原生动物是一类捕食细菌的微生物。它们在根圈中起着重要的作用，吃掉细菌并将细菌细胞固定的养分释放出来。细菌是原生动物的主要猎物。因此，原生动物的存在对于保持土壤健康和植物生长至关重要。

根圈中的原生动物数量与土壤中的原生动物数量之间的比例通常为 2:1 或 3:1。这意味着在根圈中，原生动物的数量是土壤中原生动物数量的 2 倍或 3 倍。然而，在一些特殊情况下，这个比例可能会高达 10:1。这取决于土壤的养分状况以及植物所需的营养量。

原生动物对根圈的细菌有益的食物链关系。通过摄食细菌，原生动物可以释放出养分，如铵态氮，以供植物吸收和利用。这种食物链的循环有助于维持土壤的养分循环，促进植物的生长和发展。

（三）根圈微生物对植物的影响

第一，根圈微生物通过代谢作用和产生的酶类加强有机物质的分解，促进营养元素的转化，提高土壤中矿物养料的可利用性。特别是一些自生固氮微生物能固氮并且增加植物的氮素营养。这一过程不仅丰富了土壤中的养分，也满足了植物的生长需求。

第二，根圈微生物分泌的维生素、氨基酸、生长刺激素等物质能促进植物的生长。不同微生物产生不同种类的维生素，如维生素 B 族和维生素 B_{12} 等。根圈中的维生素含量通常比非根圈高，这些物质对于植物的健康生长起到了积极作用。此外，一些促长细菌还能产生生长刺激素，进一步促进植物的发育。

第三，根圈微生物具有抗菌作用。它们分泌的抗菌素类物质能抑制土壤中的病原菌，帮助作物抵御病害。以豆科作物为例，根圈中存在对小麦根腐病病原菌具有拮抗作用的细菌，能减少小麦的根腐病发生。这种拮抗作用能够保护植物免受病原菌的侵害。

第四，一些根圈微生物能产生铁载体，这是一种能与三价铁离子形成稳定络合物的有机化合物。这些微生物通过产生铁载体占据优势，抑制不能产生或产生较少铁载体的有害微生物生长，保护植物免受病原菌的侵害。

二、固氮微生物

（一）自生固氮微生物

自生固氮是指一类微生物在土壤中独立完成将大气中氮气固定的特殊能力，其与阳光无关，而是从有机物中获取能量。这些自生固氮菌具备极强的适应性，不需要与特定植物合作，尤其在碳源匮乏、碳含量丰富的环境中能够迅速繁殖。在地球太古时期，自生固氮菌扮演了重要角色，然而随后被蓝藻和共生固氮菌所取代。虽然自生固氮菌在农业领域没有直接的经济价值，但在微生物学和固氮机理研究中却具有重要意义。

（二）自生固氮细菌

1. 自生固氮细菌的种类

黄杆菌属是一类兼性自养、固氮的氢细菌。这些细菌具有利用 H_2 自养生长的能力，同时也能利用乙醇或其他有机物异养生长。由于其菌落呈现黄色，在过去被称为自养棒杆菌的固氮细菌。与黄杆菌属相似的还有黄色分枝杆菌，它们同样属于黄杆菌属，但耐酸能力较强，无法利用糖类。

拜叶林克氏菌属与黄杆菌属、固氮螺菌属、根瘤菌属等更为接近。这些菌属都能产生脂质，并且不需要大量的 Ca^{2+} 来维持生长。然而，它们在耐酸性、对氧的敏感度以及地理分布上存在差异。

德克斯氏菌属是一类兼性自养的细菌，该菌属的一些菌株可以在 H_2+O_2 的条件下利用 CO_2 作为唯一的碳源。这一特性使它们在特定环境中具有生存优势。

此外，一些根瘤菌和弗兰克氏菌具备脱离宿主植物自行固氮的能力，但它们在自然界中更多地与植物共生固氮。这种共生关系对于植物的氮营养至关重要，同时也为细菌提供了合适的生存环境。这些细菌的固氮作用对于环境的氮循环起到了重要的作用。

2. 自生固氮细菌的类型

固氮细菌是一类具有多样生理特点的微生物，在分类上可以根据不同特征进行划分。首先，固氮细菌根据其生理特点的差异，可以被分为不同的类型。其中，一个重要的分类依据是对氧气（O_2）的依赖和敏感程度，这将固氮细菌分为了厌氧、兼性和需氧三类。此外，固氮细菌的营养生活方式也是分类的关键，主要分为自养和异养两大类型。

自养型的固氮细菌具有独特的能源获取方式，它们可以利用 CO_2 作为碳源，通过光能或化学能来合成有机碳化合物。与之不同，异养型固氮细菌需要从外部获取现成的有机碳化合物作为营养来源，同时这些有机碳化合物也为它们提供能量。

在实际分类中，并不是所有固氮细菌都能被清晰地划分到以上的分类中，因为某些微生物表现出了多样性的生理特点。举例来说，一些微生物可能表现为兼性，即同时具备不同类型细菌的特征。比如，克氏杆菌就是一种兼性厌氧的固氮细菌，而红螺菌则是兼性异养的代表。另外，一些固氮细菌还表现出在不同环境条件下的适应性变化。以嗜酸红假单胞菌为例，它在光照的环境中可以进行光能自养，而在黑暗中则通过化学能自养。

（1）化能营养的固氮细菌。化能营养的固氮细菌是生态系统中至关重要的微生物群体，其在氮循环中发挥着关键作用。这些微小的生命形式通过多样化的生长条件和代谢途径，影响着大气中氮的转化和固定。

厌氧型固氮细菌是一类独特的微生物，它们仅在缺氧或极低氧环境中才能存活和固氮。这些细菌通常为异养或自养型，如梭菌、脱硫弧菌以及脱硫肠状菌等。其中，巴氏梭菌作为最早被发现并研究的固氮微生物之一，展现出强大的固氮能力。

兼性厌氧型固氮细菌则更具适应性，它们在微氧或有氧条件下生长，并能在缺氮化合物的环境中切换至无氧或微氧条件下进行固氮。这一类细菌种类众多，包括芽孢杆菌属和肠杆菌科等。这些细菌的存在形式丰富多样，为氮循环的不同阶段提供了有力的支持。与之相对的是好氧型固氮细菌，它们在代谢过程中需要氧气，只有在氧气充足的环境中才能进行生长和固氮。固氮菌科、螺菌科以及甲基单胞菌科等都属于这一类别。尽管大部分好氧型固氮细菌对氧气敏感，但在固氮菌科中，一些菌种如棕色固氮菌和圆褐固氮菌却对氧气具有一定的耐受能力。

固氮螺菌属是微需氧固氮细菌中的代表，它们在低溶解氧表层形成菌膜，与禾本科植物形成共生关系，为农业应用提供了潜在的价值。

甲基单胞菌科固氮种属则表现出严格的氧需求，同时也是甲烷利用菌。这类微生物与贝氏硫细菌有相似之处，都是微需氧性固氮细菌，它们不仅能够氧化硫化氢，还可以同时同化 CO_2。

（2）光能营养的固氮细菌。光合固氮细菌是一类能够利用光能进行 CO_2

固定并进行生长的微生物，它们主要分为紫色非硫细菌、紫色硫细菌和绿色硫细菌。这些微生物属于革兰氏阴性菌，在自然环境中广泛分布，包括淡水、含硫泉水以及海水中。然而，仅有少数光合固氮细菌具备固氮的能力。

根据不同的种类和生活条件，这些细菌可以是需氧的或厌氧的，自养的或异养的，甚至有一些是兼性类型。光合细菌使用的光合色素是菌绿素，这与真核生物和蓝藻中使用的叶绿素有所不同。绿色硫细菌主要含有菌绿素 c 或 d，这使它们能够吸收红光和红外光谱中的特定波长，范围为 735～755 nm。

紫色硫细菌则含有菌绿素 a，有时还可能含有菌绿素 b，这使它们在 850～910 nm 的波长范围内具有吸收峰。此外，这些细菌还含有特殊的细菌胡萝卜素，当与菌绿素混合时，会呈现出多种不同的颜色。

硫细菌的光合作用不同于一般的光合作用。它们并不使用水作为电子供体，而是利用氢硫化物（H_2S）、氢气（H_2）、硫代硫酸盐等作为电子供体。由于这种机制，硫细菌在光合作用过程中不会产生氧气（O_2）。

细菌的光合作用是一种重要的代谢过程，它在光照条件下利用光能将二氧化碳转化为有机物。光合产物主要包括氨基酸和 β-多聚羟丁酸等化合物。与高等植物相比，细菌的光合作用在碳化物的利用方面存在一些差异。

某些细菌如绿硫菌和紫色硫细菌具备特殊的能力，它们能够利用硫化氢进行光合作用，并产生元素硫。绿硫菌通常会将产生的元素硫分泌到细胞外，而大部分紫色硫细菌则会将元素硫沉积在细胞外部。

除了利用硫化氢等硫化物作为电子供体外，光合硫细菌还能利用一些有机物质来提供电子或氢原子，并且这些有机物质也可以作为其碳源。这种特性使光合硫细菌具备了更为广泛的代谢途径。

紫色非硫细菌则不能利用硫化氢作为电子供体，它们需要有机物质来提供碳源和主要的电子供体。虽然紫色非硫细菌在光照条件下能够进行厌氧生长并进行固氮作用，但在黑暗中，它们一般不会进行固氮，而是利用有机物质进行需氧生长。

细菌的光合作用是完全无氧的过程，这与植物的光合作用存在一个重要区别，即细菌的光合作用不产生氧气。这一特点使细菌在一些特殊环境中能够生存和繁殖，而不受氧气的影响。

（三）共生固氮微生物

共生固氮是一种重要的生物固氮形式，其过程是指固氮微生物与宿主植物之间相互依存的生活方式。在这种共生关系中，固氮微生物从宿主植物中获得所需的能源，而同时完成固氮作用。要实现生物固氮，固氮微生物必须与植物建立互利共生的关系，只有这样，它们才能有效地将空气中的分子氮转化为植物可利用的形式。

共生固氮在农业生产中具有重要意义。特别值得一提的是豆科植物与根瘤菌之间的共生关系，以及满江红与蓝细菌之间的共生关系，这两种共生关系都具有强大的固氮能力。在豆科植物与根瘤菌共生的过程中，根瘤菌寄生在植物根部的根瘤中，通过固氮作用将大量氮固定在土壤中，为植物提供丰富的氮源。而满江红与蓝细菌之间的共生关系也能促进氮的固定过程，从而促进满江红的生长和发育。

1. 与豆科植物共生的固氮菌

（1）根瘤菌的形态特征。根瘤菌是一种微生物，呈短杆状，两端钝圆，其形态在不同环境和发育阶段呈现变化。其细胞大小为（0.5～0.9）×（1～3）μm，革兰氏染色结果为阴性，具有鞭毛和运动能力，但不会形成芽孢。

根瘤菌以其独特的方式侵入豆科植物的根部，进而形成根瘤。在初入根部时，其形态为小杆状，染色均匀。随着根瘤的长大，菌体逐渐扩展，形成液泡，染色不均匀，其中一端膨大成梨形、棍棒形、"T"形或"Y"形，被称为类菌体。根瘤菌在与豆科植物的共生中发挥着关键作用，通过共生固氮作用，将大气中的氮转化为植物可吸收利用的形式，为植物提供了宝贵的养分来源。

不同种类的根瘤菌的类菌体表现出各异的变异。大豆根瘤菌的类菌体与培养基上的形态相似，仅略有膨大或弯曲。豌豆根瘤菌的类菌体呈现"X"形或"Y"形的分叉形态。而苜蓿根瘤菌的类菌体则在一端膨大伸长或弯曲分枝。相比之下，紫云英根瘤菌的类菌体则呈一端膨大，状似茄子。

自 1858 年起，根瘤菌的形态和生理特性被广泛研究。随着生物工程技术的发展，对根瘤菌的研究逐渐深入。近年来，研究人员在根瘤菌的自生固氮、氢酶、与植物细胞离体固氮、与宿主的关系、质粒以及快生型大豆根瘤菌等方面取得了新的进展。这些研究为理解根瘤菌的生态功能和应用潜力提供了更深入的见解。

根瘤菌是一类具有特殊生长特征的微生物。它们通常在碳水化合物酵母汁平面培养基上生长，形成单个圆形菌落，直径为 0.5～1.5 mm，某些种类甚至可达 2～4 mm。这些菌落具有整齐的边缘，呈无色或白色、乳白色，不同种类的根瘤菌还可能表现出红色菌落。而在培养基中观察，一些根瘤菌在早期或特定条件下可能不呈色，与其他杂菌存在明显区别。在液体培养基中，根瘤菌的培养液逐渐变浑浊，稍显沉淀，无菌膜存在，且管壁会产生黏胶物质。

根瘤菌根据生长速度可分为两类：快生型和慢生型。例如，豌豆、菜豆等快生型根瘤菌在培养基中仅需 2 天即可出现菌落，35 天后这些菌落的直径可达 2～4 mm。与之相对，大豆、豇豆等慢生型根瘤菌则需要 3～5 天才会出现微小菌落，甚至在 10 天后仍然较小。这种生长速度的分类在根瘤菌研究中具有重要意义，有助于更好地理解和应用这些微生物。

（2）根瘤菌的生理特征。根瘤菌是一种重要的微生物，在其生理特征方面表现出一系列显著特点。适宜的培养温度范围为 25～30 ℃，这个温度范围有利于其正常生长与繁殖。然而，低温环境（2～7 ℃）更有利于其繁殖，而在零度以下的温度下则停止繁殖。此外，根瘤菌对高温较为敏感，一旦温度升至 60～62 ℃，便会导致其死亡。其适宜的 pH 范围为 6.5～7.5，偏酸或偏碱的环境都会抑制其生长，同时它也有能力产生酸性或碱性物质。

在能源利用与碳源方面，根瘤菌属于化能异养微生物，主要利用碳水化合物作为能源。它对多种碳源有较好的利用能力，尤其是对单糖、双糖、甘油和甘露醇有效好的利用能力，其中以对葡萄糖和甘露醇的利用能力尤为出色。在含有五碳糖的培养基上，慢生型根瘤菌的生长表现最佳。

根瘤菌的氮素营养也是其生长发育不可或缺的因素之一。它喜欢利用可溶性有机氮化合物，例如酵母汁和豆芽汁。虽然它也能利用硝态氮和铵态氮，但单独的无机氮化合物对其生长的促进作用较弱。此外，在非共生条件下，根瘤菌还可以进行固氮，利用分子态氮来满足其氮素需求。

根瘤菌在营养方面有一定的特殊需求。它对磷的需求较高，微量元素（如铝、硼、锰）可以促进其生长。铁对于合成豆血红蛋白是必需的元素，而缺乏钙和镁则会降低根瘤菌的生活力。此外，维生素，特别是 B 族维生素对于根瘤菌的生长也具有促进作用。

（3）根瘤菌的分类。根瘤菌属，这一广泛存在于自然界的微生物群体，展现出令人惊叹的多样性与适应能力。它们能够寄生于不同种类的豆科植物，引发结瘤现象，形成独特的生态系统。这些根瘤菌被分为两大类：单一寄主和多寄主。有趣的是，特定的根瘤菌种类仅侵染特定的豆科植物，这种专一性引发了各种不同的族群。

在这个微小的世界中，每个豆科植物都与特定的根瘤菌相互作用，形成了各自独特的生态圈。根瘤菌寄主范围的分类方法在农业生产中具有重要意义，尽管这些分类方法能够帮助人们更好地了解根瘤菌的生态学特性，但在实际应用中，存在着交叉侵染的现象，这也是一个需要解决的难题。

不同豆科植物的根瘤菌表现出了高度的专一性和特异性。每一种根瘤菌似乎都"选择"了一种植物作为其理想寄主，与之相互作用，从而引发结瘤过程。这种专一性在微生物学领域引起了广泛的研究兴趣，科学家们努力揭示其中的机制。在一个根瘤中，可能存在着多种不同类型的根瘤菌，甚至是同一类型根瘤菌的不同变种。这种复杂性使研究人员在探索根瘤菌多样性时面临更大的挑战。然而，正是这种多样性，使根瘤菌在农业生产中发挥着重要的作用。科学家们通过分类方法，可以更精确地选择适合特定植物的根瘤菌进行接种，从而增加了农作物的产量和品质。

就连同一族群内的不同植物，与根瘤菌的结瘤效果也可能截然不同。这意味着根瘤菌不仅在特定寄主范围内活动，还可以在不同的族群植物上引发结瘤现象，进一步加大了研究的复杂性。

在根瘤菌的世界中，慢生型根瘤菌是一个特殊的群体。其中，大豆根瘤菌以及其他豆科植物上的慢生型根瘤菌引起了科学家们的浓厚兴趣。这些根瘤菌表现出独特的生物学特性，与宿主植物之间的相互作用呈现出复杂的模式，需要更深入的研究来解开其中的奥秘。

根瘤菌可分为快生根瘤菌和慢生根瘤菌两类。

快生根瘤菌具有多种形态，在不利条件下也能存活。其细菌大小为（0.5～0.9）μm×（1.2～3.0）μm，在标准 YMA 培养基下，生长速率通常为 3～4小时。这类根瘤菌具有 1 根或 2 根鞭毛，以便进行运动。其菌落特征为圆形、中凸、半透明且黏液状，直径通常为 2～4 mm，在碳源和氮源方面具有广泛的适应性，并且能产生酸。其胞外多糖含量较高，（G+C）摩尔百分比为 59%～64%。

慢生根瘤菌与快生根瘤菌相似，同样为杆状细菌。然而，在标准 YMA培养基上，慢生根瘤菌的生长速率通常较慢，需要 8～10 小时。其菌落特征为圆形、不透明或偶尔半透明，呈乳白色，直径约为 1 mm。慢生根瘤菌能够产生胞外色素，但不会产生 3-酮基乳糖。在特殊的碳源培养基上，慢生根瘤菌能够自行进行固氮，细胞的（G+C）摩尔百分比为 61%～65%。

2. 与非豆科植物共生的固氮菌

（1）放线菌。放线菌根瘤是一种与植物共生的特殊结构，其中前根瘤是其重要特点。前根瘤具有独有的特征，由少数内生菌侵染的细胞组成，这些细胞巨大且含有颗粒状细胞质，核膨大呈瓣状，并含有小液泡。然而，目前对于这些细胞是否与豆科根瘤细胞一样为多倍体细胞尚不确定。与被侵染的细胞不同，未被侵染的细胞内含有淀粉粒和多酚类物质。

内生菌在前根瘤的发育阶段出现泡囊，然而并不进行固氮作用。前根瘤的发育过程中，不会继续生长为真正的根瘤，而真根瘤则是从另外的根瘤原基发展而来的。真根瘤主要分为栏木型和杨梅型两种。

栏木型真根瘤的发展过程包括根瘤原基在维管束鞘附近形成，瘤组织由细胞分裂增生形成，随后瘤组织突破根表皮，逐渐长成瘤瓣。这种类型的真根瘤被形象地称为珊瑚状根瘤，其分枝瓣状的外观让人联想到栏木、仙女木、普氏木等珊瑚的形状。

除了放线菌根瘤，还有其他一些植物也具有根瘤结构。例如，木麻黄的根瘤原基呈锥形，被充满单宁的细胞包围并逐渐木栓化。值得注意的是，尚未有报道显示木麻黄的根瘤会减少侧根的数目。

杨梅型根瘤是一种特殊的根瘤结构，在植物的根部形成，具有独特的发育过程和形态特征。根瘤的发生始于杨梅型植物的根部，其原基最初在维管束鞘区域同时形成。这个过程类似于侧根的生长，原基经历维管束、内皮层和皮层分化，尤其是皮层细胞与弗兰克氏菌共生，进一步增强了根瘤的功能。

在初期生长阶段，根瘤原基生长缓慢，逐渐形成薄瓣状的根瘤簇。随后，生长进程停滞，但瘤瓣内部的分生组织却自发地向侧根的方向延伸生长，这种结构与一般的侧根结构相似，但生长方向却是朝向根部背面。这一特殊的发展过程使整个根瘤逐渐变成一个向上生长的小根，而每枝小根的基部都伴随着一个瘤瓣，形成独特的外观。杨梅型根瘤在植物界中并不少见，例如杨梅、香蕨木和覆盆子等植物，都属于这一类型。这些根瘤有助于通气，并能够有效地增加植物与土壤中氮的交换量。香蕨木的根瘤生长迅速，常常聚集成堆，为植物提供了额外的养分来源。

根瘤原基的生长进一步发展，中央组织分化为维管束，与根部的中柱相连。在外部，内皮层逐渐形成，而外部皮层细胞则因细胞增生而膨大。大多数皮层细胞受到内生菌的感染，细胞内部的线粒体、核糖体以及内质网逐渐增加，淀粉消失，细胞核变得肥大，含有大核仁与液泡。

在一些根瘤宿主中，如马桑和野麻，细胞核的数量甚至可达 6 个。这些成熟的根瘤细胞具有强大的固氮能力，特别是放线菌根瘤，其固氮功能可持续数年。随着时间的推移，根瘤基部的细胞会逐渐衰老并解体。一些植物的根瘤甚至能够达到相当大的直径，如栏木、木麻黄和美洲茶等，其根瘤直径可达几厘米。这些根瘤呈现出橘红、棕色或浅黄褐色的外观，但在培养条件下，沙棘和美洲茶的根瘤则呈现出白色。

内生菌是一类具有特殊结构和互动方式的微生物，其菌丝结构呈多分枝状，并含有隔膜，这有助于增加其表面积。这些菌丝内富含细胞核物质和间质，同时，在原生质膜外可明显观察到细胞壁的存在。内生菌与宿主细胞之间的互动方式也呈现出一定的特点。宿主细胞的原生质膜将内生菌包裹其中，而原生质膜与内生菌之间存在荚膜，类似侵染线的结构。这种荚膜的厚度在不同部位有所不同，菌丝部分周围的荚膜较厚，而泡囊部分周围的荚膜较薄。荚膜主要由半乳糖醛酸单体构成，而不含有纤维素。至于荚膜的来源尚不完全确定，可能是由宿主细胞分泌并沉积而成。

与豆科根瘤内生菌相比，内生菌表现出独特之处。特别是弗兰克氏菌被包膜所禁锢，不会被释放到宿主细胞质中。另外，内生菌的泡囊结构也是其独特的标志之一。泡囊是只有弗兰克氏菌才具有的结构，它是由菌丝末端发育而成，可以膨大成泡状或杆状。泡囊内部含有固氮酶，而泡囊外部有一个由薄膜紧密包裹而成的包膜，这有助于防止氧气的扩散，从而维持固氮酶的活性。泡囊分化和固氮活性与氧气条件之间存在一定的关系。在低氧环境下，内生菌不会分化出泡囊，而是菌丝本身就具备合成固氮酶的能力。在氧气充足的情况下，内生菌能够分化出泡囊，并且表现出固氮活性。

不同种类的根瘤对内生菌的影响也是不同的。例如，木麻黄根瘤的氧气含量较低，这可能会影响固氮活性的表现。而栏木、杨梅等植物的根瘤细胞之间存在一些空隙，这有利于泡囊的生成和发育。

（2）弗兰克氏菌。弗兰克氏菌作为一种重要的微生物，具有与植物根系建立联系的能力，通过形成放线菌菌根，与多种非豆科植物进行共生关系，在生态系统中扮演着不可或缺的角色。这种共生关系在不同的环境中均可存在，包括森林、沼泽和荒野等各种生境。

弗兰克氏菌与植物根系建立的菌根瘤在大小和形态上存在差异，这些瘤结构位于植物根部，对植物的营养吸收和生长发育产生重要影响。弗兰克氏菌的生长速度相对较慢，直到 1978 年才成功分离培养，而在培养过程中添加代谢中间产物则有助于促进其生长。

弗兰克氏菌在植物的根瘤内以及土壤中都有存活的能力，但不同的土壤中的菌株可能具有不同的宿主范围。从营养需求的角度看，弗兰克氏菌对有机和无机营养具有严格的要求，它善于利用简单的有机酸作为碳源，并且需要多种微量元素来维持其生长和功能。

弗兰克氏菌具有独特的生理特点，这些特点有助于它在共生过程中发挥重要作用。它能在适宜的氧分压下进行固氮，其含有的血红蛋白物质有助于为其供氧，同时，多种酶也参与了固氮的过程。

第二节　土壤微生物的分类及保藏

土壤微生物是指存在于土壤中的各类微小生物体，包括细菌、真菌、放线菌、原生动物和线虫等。它们在土壤中发挥着重要的生态功能，对土壤有机质分解、养分循环、植物生长和土壤生态系统的稳定性起着至关重要的作用。为了研究土壤微生物的多样性和功能，保藏和分类是非常重要的。

一、土壤微生物的分类

土壤微生物的分类主要基于它们的形态、生理特征、代谢功能以及基因序列等方面。下面介绍一些常见的土壤微生物分类：

（1）细菌。细菌是土壤中最常见的微生物群体之一。根据形态特征和代谢功能，可以将细菌分为球菌、杆菌、弧菌、螺旋菌等不同类型。此外，根据细菌的酸碱性，还可以将其分为酸性细菌和碱性细菌。

（2）真菌。真菌是一类具有真核细胞结构的微生物，包括霉菌、酵母菌和担子菌等。霉菌通常是多细胞结构，形成菌丝体，而酵母菌是单细胞结构。真菌对有机质的分解和循环有重要作用，同时也可以与植物根系形成共生关系。

（3）放线菌。放线菌是一类土壤中常见的细菌，其特点是形成复杂的分枝菌丝体。放线菌广泛存在于土壤中，具有多样的生理代谢功能，能够分解难降解的有机物质，并产生多种有益的次生代谢产物。

（4）原生动物。原生动物是一类单细胞的微生物，包括鞭毛虫、纤毛虫

和阿米巴等。它们在土壤中起着控制细菌和真菌数量的作用，同时也参与有机质分解和养分循环。

（5）线虫。线虫是一类细长的多细胞动物，存在于土壤中的各个层次。它们对土壤结构的形成和稳定性有一定的影响，同时也与微生物相互作用，参与有机质分解和养分循环。

二、土壤微生物的保藏

（一）土壤微生物保藏的常见方法

对于土壤微生物的保藏，主要是为了确保其多样性和功能的研究，并为相关领域的应用提供可靠的资源。以下是一些常见的土壤微生物保藏方法：

（1）冷冻保存：将土壤样品中的微生物进行冷冻保存是最常见的方法之一。通过在低温下将微生物冷冻，可以延缓其新陈代谢过程，从而保持其生物特性。常设的冷冻保存温度为 $-80\ ℃$ 或液氮温度。

（2）干燥保存：将土壤样品中的微生物进行干燥保存是另一种常见的方法。通过将微生物在低湿条件下干燥，可以阻止其生长和代谢活动，从而实现长期保存。常设的干燥保存方法包括冷冻干燥和真空干燥等。

（3）低温保存：除了冷冻保存外，一些微生物也可以在低温条件下进行保存。例如，一些耐寒细菌可以在 $4\ ℃$ 左右的低温下长期保存。

（4）冷藏保存：对于一些比较常见且易于培养的微生物，可以选择将其保存在冷藏条件下，通常为 $4\ ℃$ 左右。虽然冷藏保存时间相对较短，但对于某些应用来说已经足够。

（二）土壤微生物保藏的注意事项

在进行土壤微生物的保藏时，需要注意以下几点：

第一，样品的收集和处理。在进行保藏前，应确保正确收集和处理土壤样品。避免污染和样品质量降低，以确保保藏的微生物具有代表性。

第二，适当的保存容器。选择适当的保存容器，如冻存管、干燥瓶等，并确保容器密封良好，以防止外界的污染和湿气的进入。

第三，保存记录。对于每个保存的微生物样品，应建立详细的记录，包括样品来源、保藏时间、保存条件等信息，以便后续的研究和利用。

第四，定期检查和更新。定期检查保存的微生物样品，确保其保存状态和可用性。如有需要，及时进行更新和维护，以保证其长期的保存和利用价值。

第三节 土壤微生物资源的应用技术

微生物因其生长周期短且易于大规模培养等优点，成为农业生产各领域的重要资源。在新型农业技术中，以微生物肥料、微生物农药等为代表，取得了长足进步。然而，微生物的应用不仅局限于农业生产，它在环境领域也展现出巨大潜力。包括环境监测、土壤修复、固废处理、水气净化等方面，微生物都能发挥重要作用。下面介绍与土壤质量及农业生产密切相关的应用技术。

一、微生物肥料

"微生物肥料因其具有促进养分转化、增强作物抗性、改善土壤结构、降低环境污染等特性，在推进减肥增效、养分资源高效利用与农业绿色发展进程中发挥着重要的作用。"[①]微生物肥料是一种应用微生物的生命活动来改善土壤肥力和增加产量的农业制品。其原理在于通过微生物的作用，增加土壤中氮素、有效磷、钾等养分含量，转换无机物质为植物可吸收的营养物质，同时提供生长刺激物质，并抑制植物病原菌活动。这些效果共同协作，以提高作物的养分供应、促进植物生长，最终实现增加产量的目标。

根据国家农业行业标准的定义，微生物肥料是一种含有特定微生物活体的农业制品，其应用于农业生产，以增加植物养分供应、促进植物生长、提高产量、改善农产品品质和农业生态环境。然而，要发挥微生物肥料的肥效，需要考虑多方面因素的影响。这些因素包括微生物肥料自身的质量因素，如有效菌数、活性等，以及外界的其他生态因子，如土壤水分、有机质、pH等。因此，在使用微生物肥料时，需要综合考虑这些因素，以确保其最佳

---

① 刘京京，陈学文，梁爱珍，等. 微生物肥料及其对黑土旱田作物应用的效果 [J]. 土壤与作物，2023，12（2）：179.

效果。

在施用微生物肥料时，也需要注意一些重要事项。首先，微生物肥料应与当地耕作、水分管理等农业技术措施配合，不宜与化学肥料同时施用。其次，微生物肥料宜单独储存，不宜久置，最好在阴凉干燥处低温保存，以避免降低存活率和感染力。

关于微生物肥料的施用方法，有多种选择，如拌种、浸种、蘸根、基施、追施、沟施和穴施等。其中，拌种是最简便、经济、有效的方法之一。

在市场上，有不同类型的微生物肥料可供选择。常见的类型包括微生物接种剂、复合微生物肥料和生物有机肥等。这些微生物肥料中常含有固氮菌、解磷菌、解钾菌、光合细菌、菌根真菌、抗生菌、根际促生菌和复合菌等微生物。不同类型的微生物肥料具有不同的功能和应用范围，农户可以根据作物需求和土壤情况选择适合的微生物肥料来施用。

（一）固氮菌与解磷菌

氮肥在农业生产中扮演着至关重要的角色。尽管大气中氮的含量高达78%，但要想为植物提供所需的氮，还必须通过合成氨的方式来实现。然而，合成氮肥的制造过程需在高温（>500 ℃）和高压（>20 MPa）的条件下进行，因此能源的严重消耗成为一个不容忽视的问题。与此同时，磷和钾等元素的匮乏也制约着发展中国家的农业发展。提高这些元素的利用效率对于发展中国家具有战略性的重要意义。固氮菌、解磷菌以及解钾菌等微生物因素成为解决这些问题的关键因素。通过这些微生物的作用，植物能够更高效地吸收和利用氮、磷和钾等养分，从而减轻合成肥料对能源的依赖，提升农作物的产量。

1. 固氮菌

生物固氮是一种自然的氮转化过程，其与燃料或电能无关。每年，生物固氮的数量约为 2.4×10^8 t，占全球固氮总量的 75%。然而，固氮过程只能由原核生物来完成，目前已经发现了 100 多个属中的固氮菌种。

固氮菌种可分为共生固氮、联合固氮和自生固氮这三个体系。其中，共生固氮中，根瘤菌与豆科植物的共生体系表现出最强的固氮能力，占据了60%以上的比例。根瘤菌的发现与成功的纯培养技术是固氮技术应用的重要里程碑，这项技术在我国豆科作物上的接种已有超过 50 年的历史。

根瘤菌的形态多种多样，包括"Y"形、"X"形、棍棒状和椭圆状等。

有效根瘤通常体积较大，内含红色或粉红色素，而不含淀粉积累。相反，无效根瘤体积较小，含有淀粉颗粒，其形态类似于小短杆。对于根瘤的鉴别至关重要，因为有效根瘤对固氮能力的贡献更大。通过形态特征的鉴别，可以选择出优质的固氮菌株，从而提高农作物的产量和品质。

高效的根瘤菌需要经过纯培养，而春季、初夏是采集的最佳时期。采集的步骤包括彻底洗净、记录形态，并解开根部的缠绕。共生效果会受到土壤、根瘤菌和植物等多种因素的影响。为了筛选出最佳的共生组合，需要考虑到寄主与根瘤菌之间的匹配以及土壤条件。

根瘤菌是一类与豆科植物共生的微生物，其纯培养和筛选最佳共生组合对于农作物产量、质量以及生态农业的发展具有重要的实际应用价值。在影响根瘤菌定殖的因素中，可以分为非生物因素和生物学因素。生物学因素包括接种数量、土著根瘤菌群体和植物根系分泌物。研究根瘤菌在根际的定殖水平、适应性和竞争结瘤关系对于增产效果的稳定性具有重要意义。

提高固氮效率的关键方法包括筛选高效固氮根瘤菌和构建高效重组根瘤菌。这些方法的实施有助于显著提升宿主植物的固氮量，从而推动农作物的生长和发展。在这一领域，根瘤菌接种剂的种类和剂型的研究显得尤为重要，因为它们直接影响着生物固氮在农业中的应用效果。

在开发根瘤菌接种剂时，必须综合考虑多个因素：① 选择合适的生产菌株至关重要，因为菌株的效果直接关系到固氮效率的提高；② 在生产过程中控制成本，确保接种剂的大规模制备经济可行；③ 保存后活菌数量的保持也是一个关键问题，以确保接种剂在使用时仍然具有足够的活性；④ 剂型和使用方法的设计也是根瘤菌接种剂开发中不可忽视的方面。不同的剂型可能适用于不同的农作物和土壤类型，因此必须根据具体情况进行选择。同时，简便易行的使用方法可以促进接种剂的广泛应用，从而更好地实现固氮效果的最大化。

2. 解磷菌

土壤中存在着一类重要的微生物，即解磷菌，它们具有将难以被植物吸收利用的磷转化为可被吸收利用的形态的能力。这些解磷菌可以分为两大类，有机磷微生物和无机磷微生物，但区分它们的标准并不十分明确。

解磷菌是一类包含细菌、真菌和放线菌在内的微生物群体，其数量受多种因素的影响。然而，无论数量多少，解磷菌对农业生产都具有重要的意义。它们在土壤中的存在有助于活化难溶性磷，从而促进作物的生长和发育。

实际上，解磷菌可为植物提供较多的磷元素，这是促进植物生长的重要机制之一。更令人振奋的是，当解磷菌与固氮菌混合接种时，它们能够协同作用，不仅改善作物对氮、磷的吸收，还能显著提高作物的产量，特别是对于大麦等作物来说效果尤为显著。

尽管解磷菌的促进作物生长的具体机制尚不完全明确，但这并不妨碍它们作为生物肥料被广泛应用。解磷菌制剂一般以 10^6 个/mL 的浓度使用，不过由于不同类型的解磷菌对浓度要求各异，因此需要在使用时加以注意。

关于解磷菌的接种方法，目前缺乏详细的比较研究，这使人们在选择合适的接种方法时可能面临一定的困扰。然而，不可否认的是，解磷菌作为一种生物肥料，已经显示出了在农业生产中的巨大潜力。

（二）菌根真菌

菌根真菌对植物具有综合有益效应，将高效菌根真菌接种剂接种到植物上实现菌根化，是一种环境友好的绿色生物技术。这里重点介绍菌剂的生产技术。

1. 外生菌根菌剂

外生菌根真菌在育苗造林上有着基本而重要的应用。菌根化育苗是一种常见的应用方式。这种方法将组培苗或实生苗进行菌根化处理，然后通过不同的方式进行应用。可以将菌根化的苗木穴播、混播于苗床，或者混拌于营养钵中，也可以制成浆进行蘸根，从而让苗木获得菌根的共生效益。

目前在林业生产中主要采用的技术是菌体接种法。这种方法在树木移栽和苗木移栽时，将菌根菌体引入栽植穴和树木、苗木一同栽培，从而建立起共生关系，促进林木的生存和生长。接种的方式包括树木和苗木带土球栽植，以及采用营养袋苗木造林。此外，还可以将菌土带入栽植坑和苗木、树木一起培养，以提高共生效应的实现概率。

不仅如此，许多国家和地区还规定在特定环境中进行造林时必须采用菌根化的苗木。例如，美国在湿草原地区的育苗造林就要求对苗木进行菌根接种。为了满足这一需求，美国设立了专门的菌根技术公司，专门提供菌根生物制剂用于林木的菌根化，以确保造林的成效和生态环境的保护。

（1）外生菌根菌剂的生产方法。外生菌根菌剂是一种重要的生物肥料，其生产需要通过菌种的扩大繁殖来实现规模化和商品化。这一过程的基础是一级菌种，这些菌种来源于外生菌根真菌子实体或纯净菌丝体。有多种方法可以实现外生菌根菌剂的生产，包括固体发酵、液体发酵和液体深层发酵。

固体发酵法。固体发酵法将植物废料和填充料配制成培养基质，然后通过高温灭菌，使其成为适宜外生菌根真菌生长的环境。接下来，一级菌种被接入培养基质中进行培养，从而生产出固体菌剂。

液体发酵法。运用这种方法，菌种在液体营养状态下通过摇床或通气设备进行繁殖。随后，菌种可以进一步转变成液体菌剂，以满足不同的市场需求。

液体深层发酵法。通过专门的发酵设备，菌种可以进行进一步的扩大培养，其中包括二级和三级发酵。这一过程中，产物的多样性也更加丰富，液体菌剂或其他类型的菌剂均可制得。

（2）外生菌根菌剂是一类应用于农业和园艺的有益微生物制剂，主要用于促进植物根系的生长和营养吸收。根据制剂的形式和制备方法，外生菌根菌剂主要分为以下类型：

固体菌剂。固体菌剂将外生菌根菌接种于固体原料与填充料混合物中，经过固体发酵制得。固体菌剂适用于那些生长速度快、竞争力强的菌种，然而，由于发酵周期较长，菌丝体容易老化，因此含菌量相对较低。这类菌剂可以通过撒施或穴施的方式用于苗床或大田种植。

液体菌剂。液体菌剂根据接种物种类可以分为三种形式。首先是以菌丝体为主的液体菌剂，其次是以孢子悬浮液为主的液体菌剂，最后是经匀浆粉碎后加水或营养液制成的悬浮液液体菌剂。液体菌剂的有效期相对较短，使用时可采用注射、淋根、蘸根等方法进行施用。

粉剂。粉剂主要由外生菌根菌孢子添加磨细的填充料制成。这种类型适用于产生大量孢子且易于收集的菌种。粉剂具有易保存、易运输和使用方便的特点。

片剂和颗粒剂。片剂和颗粒剂类型的外生菌根菌剂是将菌孢子与磨细的填充料混合后，加工成片状或颗粒状。与粉剂相似，片剂和颗粒剂也具有易保存和运输的优势，通常每株植物只需要放入 1～2 粒即可。

丸剂。丸剂也称为胶粒型菌剂。在这种菌剂的制备过程中，液体发酵后的菌丝体经过固化工艺处理，制成胶粒状。丸剂综合了固体与液体菌剂的优点，增加了菌剂的效力并延长了有效期。

胶囊技术是一种以海藻酸盐为载体的先进方法，通过将多种生物繁殖材料包埋其中,实现了对外生菌根真菌的高效管理和利用。其主要生产流程包括发酵生产菌根菌丝体,将这些菌根菌丝体包埋于海藻酸盐溶液中,并进行相应的加工成形。通常,菌丸以凝胶状呈现,直径为2～3 mm,形状为球形。

胶囊技术带来了诸多优点,最显著的是在胶囊条件下,菌种不仅能够继续存活,而且还能保持其侵染能力。这使这种技术在运输、储存和使用过程中变得极为便捷。同时,随着外生菌根真菌应用研究的不断发展,更广阔的前景正在浮现。近年来,越来越多的研究着眼于采用工业发酵原理,实现对真菌纯培养菌丝体菌剂的批量生产。这种工业化的生产模式不仅具有巨大的经济效益,同时也能够满足市场对菌根菌剂的大量需求。

2. 丛枝菌根菌剂

丛枝菌根(AM)真菌是一种宿主广泛的真菌,可以侵染80%以上的陆地植物。它存在于各种生态环境中,包括农田、林地、草原,甚至在逆境条件下也能存活,例如盐碱地、退化土壤、煤矿废弃地和污染土壤。AM真菌对植物有着许多益处。它通过扩大植物的根系吸收范围,增加植物对矿质营养的吸收,尤其是磷素,从而改善植物的营养状态,提高作物的品质。此外,AM真菌还能提高植物的抗逆性。它使植物对盐碱、干旱和寒冷等逆境环境具有更强的耐受能力,并增强植物对土传病害的免疫能力。

AM真菌在生产上的推广应用仍面临一些关键技术问题。这些问题包括筛选出优良的菌株、进行菌种的繁殖以及生产高质量的菌剂等。由于AM真菌具有专性共生的特性,迄今为止还没有在纯培养研究方面取得突破性的进展。目前,人们仍然主要依赖活植物根系来繁殖AM真菌。

AM真菌的繁殖和菌剂的生产方法主要有以下几种:

(1)盆栽培养法。盆栽培养法是一种利用丛枝菌根真菌进行培养的方法。培养的繁殖体包括孢子、菌丝体、根内泡囊和已形成菌根的根段等形式。目前,最常用的盆栽菌剂是来自根段和孢子的混合物。在盆栽培养中,选择合适的基质对于培养的成功至关重要。基质需要疏松、保水、透气,常用的基质包括石英砂、蛭石、泥炭、沙和土壤等。在基质中,营养元素的含量也会对盆栽培养产生影响,尤其是磷含量对菌根发育和孢子形成具有直接影响,速效磷含量应低于20 mg/kg。此外,基质颗粒的大小也会影响丛枝菌根真菌的繁殖体数量。为了准备接种,盆栽基质的酸碱度应控制在pH5～7,并且经过湿热灭菌或γ射线灭菌。

在选择宿主植物方面,盆栽培养法常选择根系发达的多年生草本植物或

一年生植物作为宿主。一些常见的宿主植物有三叶草、苜蓿、烟草、苏丹草、百喜草、玉米、高粱、韭菜和葱等。这些植物能为丛枝菌根真菌提供合适的根系环境和养分。

盆栽培养法也存在一些缺点。一是它需要宽敞的空间以及较长的时间来进行培养；二是生产出的菌剂数量较少，且容积大、笨重，不便于运输或携带。因此，在使用盆栽培养法时需要考虑这些问题，并权衡其优缺点，以选择适合的培养方法。

（2）培养基培养法。培养基培养法是一种 AM 真菌在无机培养基中扩繁的常用方法。首先，需要对宿主植物种子进行表面消毒处理，然后将其放置在琼脂培养基上，以促进种子的萌发和发芽。接下来，需要对 AM 真菌的孢子进行灭菌处理，并将其保存在无菌蒸馏水中。

一旦孢子准备就绪，它们会被转移到已发芽并长出侧根的培养基中，并在室温中进行培养。在这个过程中，AM 真菌会侵染并定居在植物的根系中，并进行繁殖，从而实现成功的扩繁。

当达到所需的扩繁程度后，宿主植物会被取出，其根系会被仔细洗净并剪成小段，从而得到一份无杂菌的 AM 真菌根段菌剂。这些根段中包含着 AM 真菌的多种繁殖体，如菌丝、孢子、丛枝和泡囊等。这样的根段菌剂是进行 AM 真菌的传播和应用的重要资源，可以在农业生产和生态恢复等领域发挥重要作用。

（3）大田培养法。大田培养法是一种广泛应用于大规模生产 AM 真菌的方法。为了实现高产，选择地势较高且排水良好的沙壤土进行培养是关键，最好选择靠近要接种的大田的地区。在准备阶段，可以使用福尔马林溶液或甲基溴对土壤进行消毒，以确保无害菌的存在。接下来，将宿主植物的种子和 AM 真菌接种源一起播种到土壤中。常用的宿主植物有三叶草或苜蓿，而接种物的用量应根据侵染的潜力来确定。

大田培养法的管理方法与普通作物的管理类似，但需要特别注意控制肥料的使用和农药的施用。10～12 周后，可以挖掘出土壤作为接种剂，这些土壤可以直接使用或经过加工处理后使用。AM 真菌主要通过活植物的根系在基质中繁殖，因此通常将菌剂样本保存在载体基质中。

在收获时，需要剪去植株地上的部分，并将根系剪碎，与基质一起晾干，然后用塑料袋或布袋妥善保存。然而，需要注意的是，存放菌种的时间不宜过长，室温中保存时间超过 6 个月后，应重新进行繁殖以维持菌种的活力。

生产或加工后的 AM 菌剂在使用前需要进行质量检验，以测定其接种效果。这个步骤至关重要，以保证所使用的菌剂质量的可靠性。通过遵循以上关键点，大田培养法能够有效地生产 AM 真菌，为农业生产提供更好的支持。

二、微生物修复

"微生物技术修复污染土壤具有成本低、无二次污染、不破坏土壤环境等特点，将成为今后土壤修复技术的发展趋势。"[①]微生物修复技术是一种利用微生物降解有毒污染物的方法。这项技术可分为原位修复和异位修复两种方式。

原位修复是在污染地原地进行修复，依赖土壤自身或外源微生物的降解能力和合适的条件。通过采取适当的措施，如调节土壤 pH、增加氧气供应、施加适量的有机肥料等，可以刺激土壤中的微生物活性，促进有毒污染物的降解过程。原位修复所需要的外源微生物可能通过投入菌剂等方式引入，以增强降解能力。

异位修复是将污染土壤搬动到他处进行修复，更强调人为控制和优化降解环境。这种方法通常用于处理严重污染的土壤，其中污染物浓度过高或环境条件不适合原位修复的情况。通过将土壤转移至特定场地或设备中，人们可以更好地控制修复过程，例如，调节温度、添加营养物质等。

微生物修复技术广泛应用于不同类型的污染物处理。它可以应用于有机污染物的降解，包括石油、染料、农药等。微生物修复还可用于重金属的转化，例如，将可溶性的重金属转变为难溶性形式以减少其毒性。此外，微生物修复也被用于生物污染防治，例如，处理饮用水中的致病菌和藻类。对于复合污染的修复，微生物修复技术可以结合不同类型的微生物来处理不同种类的污染物，实现全面的修复效果。

微生物修复技术作为一种环境治理手段，具有较低的成本、高效性和环境友好性的优点。然而，在实际应用中，还需注意修复过程的监测和评估，以确保修复效果达到预期目标，并确保修复过程本身不会对环境造成二次污染。不断的研究和技术进步将进一步推动微生物修复技术在环境保护中的应用。

---

① 卢蕾. 微生物修复技术在石油烃类污染场地的应用研究［J］. 石油化工技术与经济，2023，39（2）：49.

（一）微生物对有机污染物的降解

微生物修复的实质是生物降解，这是指微生物通过对物质（特别是有机污染物）的分解作用来修复环境。微生物利用大然和人工合成的有机物作为营养和能源，通过自身演化形成了一个庞大的"酶库"，用于消化新合成的有机物。这些微生物可以利用突变的酶类催化利用新底物，使其能够降解其他生物无法降解的基质。

微生物之间通过共代谢作用或传递降解性质的质粒，可以加速对污染物的降解和转化过程。这种合作机制使微生物能够更高效地处理污染物，从而提高修复效果。然而，微生物对有机污染物的转化并非总是有利于彻底消除污染物。有些特定物质可能会形成更稳定且难以降解的代谢产物，从而导致污染物在环境中仍然存在。

为了有效地利用微生物来清除污染物，需要深入了解微生物对污染物的降解机制和代谢途径。这需要进行大量的研究，包括微生物的酶系统、代谢途径以及与其他微生物的相互作用等方面。了解微生物的功能和特性，可以选择和设计合适的微生物群落来应对不同类型的污染物。此外，科学家还可以寻找适合的生物工程手段，以提高微生物降解污染物的效率和效果。

生物地球化学过程产生了各种有机化合物，这些有机化合物可以成为微生物的能源物质或细胞组分。然而，随着石油工业的发展，大量新的化学有机合成物进入土壤和其他环境中，这些化合物被称为生物异源物质，它们在自然界中具有相对的稳定性。

微生物降解有机物的能力被广泛应用于环境修复和废物处理中。研究表明，与单一微生物作用相比，多菌混合作用能够更有效地降解生物异源物质。这是因为不同的微生物菌株在降解有机物的过程中具有不同的代谢途径和酶系统，多菌混合作用可以提供更丰富的代谢路径和酶系统，从而加速有机物的降解。此外，微生物的群体作用还具有抵抗污染物降解产生的有毒产物的能力，并能够进行解毒。这对于污染物的修复非常重要，因为部分污染物在降解过程中可能会转化为具有更大毒性的物质。微生物群体作用可以通过共享代谢产物和合作解毒酶来减少有毒物质的积累，保证修复过程的安全性。

微生物在降解新的有机物之前需要适应，经过多种微生物的接力作用，有机物才能被完全矿化为无机物。这个过程需要一定的时间和条件，包括适宜的温度、pH 和营养条件等。

要分离具有降解能力的微生物菌株，可以使用含有有机污染物的无机盐培养基和富集培养基，在适宜的条件下进行培养和转接。最后，通过稀释平板分离法可以获得单菌株。对获得的菌株进行观察和记录，包括生长状况、菌落特征、菌体形态结构、生理生化和生态特征等，并进行革兰氏染色、芽孢染色和鞭毛染色以及菌种鉴定。

在应用于修复实践中之前，需要对获得的菌株进行降解能力的验证。这可以通过实验室中的小尺度模拟试验或现场实地试验来进行。验证试验可以评估菌株的降解效率、降解速度和适应性等指标，以确保菌株在实际应用中具有稳定和可靠的效果。

在生物修复实践中，采用优化组合的方式来提高处理效果和扩大适用范围。一种被广泛应用的方法是植物—微生物联合修复技术，该技术利用微生物和植物的共同作用来进行修复。

植物在这个过程中起着重要的作用，通过其根部为微生物提供良好的生长环境，促进污染物的生物降解过程。植物根系为微生物提供营养物质和水分，同时释放出氧气，为微生物提供呼吸条件。这种协同作用可以加速污染物降解的速度，并增强修复效果。

在微生物方面，菌根真菌是一类具有特殊功能的微生物。它们具有独特的酶系统和代谢途径，能够降解一些无法被细菌降解的污染物。这些菌根真菌能够吸附和转化重金属离子，降低土壤中的重金属浓度。此外，它们还能够利用有机物质作为能源，分解有机污染物并转化为无害物质。

因此，菌根真菌与降解菌修复、植物修复的综合应用成为土壤生物修复的一个重要研究方向。这种综合应用可以充分利用微生物和植物之间的协同效应，提高修复效果。通过优化组合不同的植物和微生物，研究人员可以扩大生物修复的适用范围，针对不同类型的污染物实现有效的修复和恢复土壤健康的目标。这种综合应用的方法有望在环境保护和污染治理领域发挥重要作用。

（二）微生物对重（类）金属的转化

土壤微生物是地球上种类繁多、数量庞大的生物群体，在重金属的地球化学循环中起着重要的推动作用。微生物具有独特的能力，可以固定、移动或转化土壤中的重金属，从而改变其环境化学行为。

被重金属污染的土壤，使用微生物修复的方式，包括生物富集和生物转化。生物富集是指微生物通过吸收和积累重金属来减少其在土壤中的浓度。

微生物可以通过胞外络合、沉淀和胞内积累等机制来实现重金属的生物富集和生物吸附。微生物可以在其不同部位沉积或结合有毒金属，这进一步减少了土壤中重金属的可溶性和毒性。一些微生物还能产生胞外聚合物，这些聚合物与重金属形成络合物，从而有效地减少重金属的毒性和迁移性。通过微生物的作用，重金属可以被转化成更稳定的形式，从而降低其对土壤和环境的危害。微生物能够通过其代谢活动和酶的作用，将重金属转化成难以溶解或稳定的沉淀物。这种生物转化过程不仅有助于修复受重金属污染的土壤，还可以阻止重金属的进一步扩散。

土壤中筛选重金属抗性菌的方法具体包括使用氮改良基础培养基和富集培养基。先在重金属污染土壤中接种液体无机盐培养基，然后经过一段时间的振荡培养，利用连续富集的方法将菌株逐步筛选出来。接下来，采用稀释平板法将菌株进行分离，以得到纯净的单菌株。一旦筛选到了重金属抗性菌株，将其转移到重金属固体培养基上进行验证其抗性。这个过程可以帮助科学家们了解菌株对重金属的抵抗能力以及其在重金属环境中的生存能力。此外，一些特殊微生物还具有抗性和生物转化重金属的能力，它们通过不同的机制来实现这一功能。其中包括氧化还原、甲基化、去甲基化、溶解和有机络合配位降解等机制。

不同的微生物类群对于不同的重金属有不同的解毒机制。例如，硫酸盐还原细菌可以与重金属镉形成沉淀，从而降低其毒性。此外，一些细菌和真菌能够将汞转化成较为稳定的形态，从而减少其对环境的危害。

微生物在改变重金属稳定性方面发挥着重要作用。它们通过改变重金属的氧化还原状态来影响其稳定性。例如，一些细菌具有氧化土壤中多种金属元素的能力，包括 As、Cu、Mo 和 Fe 等。这些细菌通过氧化作用改变了重金属的离子形态，进而影响了其在土壤中的反应和迁移行为。

一些微生物具有还原重金属的能力。比如，它们可以还原铬酸盐和重铬酸盐，将高毒性的 Cr^{6+} 还原为低毒性的 Cr^{3+}。这种还原反应可以降低土壤中铬的毒性，从而减少对环境和人体的危害。因此，针对 Cr 污染的治理主要集中在微生物修复方面。科学家们通过利用这些微生物来进行生物还原反应，将有害的 Cr^{6+} 还原为较为无害的 Cr^{3+}，从而修复被污染的土壤。

（三）微生物对生物污染的防治

土壤生物污染是一种有害生物种群从外界入侵土壤并大量繁衍，从而破坏

土壤生态系统的现象。主要原因是病原微生物的入侵，这引发了严重的生态后果，对农业产生了不可忽视的影响，并对动植物以及人体健康造成了危害。

微生物在自然界中以群体形式存在，它们之间形成了各种复杂的关系。这种复杂性使病原微生物得以侵入土壤，并在其中繁衍扩散，从而形成土壤生物污染的局面。由于微生物的入侵和繁殖，土壤生态系统的平衡受到破坏，导致许多农作物产量下降，甚至死亡，给农业产业带来了沉重的损失。为了防止土壤生物污染和减轻其对生态系统的影响，研究者们着重于植物病害的生物防治。这种方法利用有益微生物产生颉颃物质，或通过寄生或竞争土壤营养来遏制病原微生物的滋生，从而达到防治病害的目的。颉颃微生物在植物病害防治中发挥着双重作用，既保护了生态系统的平衡，又具有抗病的功效。这种双重作用引起了全球研究者的重视。他们希望通过深入了解有益微生物的特性和作用机制，寻求更有效的植物病害防治方法，从而减轻土壤生物污染对生态系统和农业的负面影响。这样的研究不仅有助于保护生态平衡，维护农业产业的稳定发展，还对人类的健康和食品安全具有重要意义。

在植物病害的生物防治中，颉颃微生物发挥着关键作用。它们通过多种方式对病原菌产生抗生作用。第一，颉颃微生物分泌多种水解酶，如纤维素酶和木聚糖酶，通过溶解菌体来达到防治病害的目的；第二，它们产生颉颃蛋白质或肽类物质，其中包括细菌素等，这些物质对病原微生物产生抑制作用；第三，颉颃微生物还能产生多种抗生素或抗生素类物质，通过作用于病原微生物的生理过程，如损害细胞膜机能、抑制蛋白质合成等方式，实现生物防治效果；第四，产生其他抗菌物质，如氨类、有机酸、过氧化氢酶等，进一步增强其抗病能力。

现如今，多种颉颃微生物制剂已经商品化。通过基因工程技术对颉颃菌进行遗传改良，科学家们成功地提高了颉颃物质产量或实现了同时表达多种颉颃物质的效果，进一步增强了生物防治的效果。在生物防治中，生防细菌也是一类重要的微生物。这些细菌主要包括芽孢杆菌、假单胞菌和土壤放射杆菌等。此外，放线菌也发挥着重要作用，尤其是链霉菌属及小单胞菌属。国内广泛应用的细黄链霉菌"5406"和放线菌活体制剂 Mycostop 就属于链霉菌属。它们在生物防治中表现出较好的防治效果。另外，颉颃真菌也是一类在生物防治中具有重要意义的微生物。其中，木霉属真菌尤为重要，商业化产品包括哈茨木霉菌株和绿色木霉菌株。这些颉颃真菌通过各自的生物学特性，在防治植物病害方面发挥着独特而有效的作用。

第五章
海洋微生物资源的开发与利用

海洋微生物资源的开发与利用是一个具有重要科学意义和经济价值的领域。本章从海洋微生物资源概述、海洋生物酶的开发与利用、海洋微生物能源的开发与利用、海洋微生物在食品中的开发与利用四个方面具体阐释。

第一节　海洋微生物资源概述

海洋是一个复杂多样的环境，其主要特征包括高盐、高压、低温和寡营养。海洋的平均深度达到 4 km，最深处甚至达到 11 km，成为全球水循环的最终贮存所。

海水的垂直分布对海洋生物的种类和数量产生显著影响。透光带处于海洋表层，阳光充足，水温相对较高，而无光带则位于透光带下方，没有光线透入。海洋区域可根据水深进行划分，0～200 m 为表面海洋带，200 m 至不超过 6 000 m 为深海区，而超过 6 000 m 的水域则属于超深渊海区。

海水的温度和氧气浓度也呈现出垂直分布特点。海水温度从表面至50 m 深度迅速下降，50 m 以下通常低于 10 ℃。而氧气浓度从表面向下逐渐降低，在 1 000 m 处达到最低，然后在 1 000～4 000 m 范围内逐渐升高。

在海洋环境中，微生物必须发生适应性的改变才能存活。这些微生物在生理结构、代谢方式和生活行为等方面都发生了适应性的变化。海洋中筛选得到的微生物通常具备不同于陆地微生物的特殊生理活性，并可能产生某种特殊的代谢产物。这些特点使海洋微生物在生态系统中发挥着独特而重要的作用。

一、海洋微生物的生理特征

（一）嗜盐性

海洋微生物是一类广泛存在于海洋中的微小生物，其生长与代谢对海水中多种无机盐类和微量元素的存在具有严格要求。其中，钠是海洋微生物最主要的无机盐之一，同时钾、镁、钙、磷、硫及其他微量元素对一些海洋微生物的生长也至关重要。

海洋微生物在特定盐度范围内才能得到最适的生长环境。典型海洋微生物最适盐度通常为 20～40，而在缺乏氯化钠的条件下微生物无法生长。然而，某些嗜盐微生物却可以在盐度为 40 以上的环境中存活和繁衍，而极端嗜盐菌甚至能在盐度为 150～300 的范围内茁壮成长。

极端嗜盐菌主要分布在古菌中的几个属，它们有着惊人的耐盐性，能够在盐田、海底盐池等极高盐度的地方繁衍。而在真细菌中，只有少数细菌属具有极端嗜盐性。为了适应高渗环境，海洋微生物采取了多种策略来保持细胞内的稳定状态，防止水分的丢失。它们会积累糖、醇类或氨基酸等溶于水的物质，从而调节细胞液的浓度。极端嗜盐古菌在高盐浓度环境中采取了主动机制来平衡细胞内外的离子浓度。这些微生物通过将胞外的钠离子泵入细胞内，同时将钾离子排出细胞外，以维持细胞内的稳态。此外，极端嗜盐菌的酶和结构蛋白含有大量的酸性氨基酸。这些酸性氨基酸的存在有助于保护其酶和结构蛋白免受高盐浓度的影响，从而维持其正常功能和构象。

（二）嗜压性

深海是一个极端的环境，其深度与大气压之间存在着密切的关系。据研究表明，每下降 10 m，海洋中的压力就增加 1 个大气压。超过 1 000 m 的深度区域在海洋中占据了 75% 以上的比例。

对于深海微生物来说，这种高压环境带来了巨大的挑战，因为它们必须承受十分强大的静水压。然而，一些微生物已经通过进化发展出了适应高压的能力。例如，细菌和古菌在 1～400 个大气压范围内，仍能在分离培养的条件下生长。有一类称为专性嗜压菌的微生物，需要更高的压力才能良好地生长，甚至需要超过 400 个大气压的压力。通过特殊的培养方法，如在有压力的容器中培养，可以更多地获得这些专性嗜压菌。大多数极端嗜压微生物与普通耐压菌或压力敏感菌存在亲缘关系，但也存在一些独特的分类群。在海底热液喷口附近，还发现了一些专性嗜压的化能自养古菌，形成了独特的生态系统。

高压对微生物的影响是复杂的，通常会导致微生物的生长速率和代谢活性降低。不过，耐压菌蛋白质中脯氨酸和甘氨酸的比例下降，使蛋白质的弹性较小，从而不容易受到压力的影响。此外，高静水压环境中生长的微生物含有较高浓度的渗透活性物质，这些物质可以保护蛋白质不受水合作用的影响。

（三）嗜冷性

海洋是一个温度变化极大的环境，大约90%的海洋环境温度在5 ℃以下，特别是深海和两极地区的海水温度一般为 –1 ℃～4 ℃。在这样的环境中，海洋微生物的生长受到温度的显著影响。

研究表明，大部分海洋微生物适宜的生长温度范围为 18～28 ℃，而在 0～4 ℃的低温下，它们的生长缓慢甚至停滞。不过，存在一类称为嗜冷微生物的生物，它们对低温有较好的适应性。嗜冷微生物最高生长温度约为 20 ℃，最适生长温度低于 15 ℃，而最低生长温度甚至可以低于 0 ℃。耐冷微生物是另一类在低温环境中繁殖的微生物。它们的最高生长温度高于 20 ℃，最适温度也高于 15 ℃，它们在 0～5 ℃的温度范围内仍能生长繁殖。这两类微生物在海洋中的分布也有所不同。嗜冷菌主要分布于极地、深海或高纬度的海域，而耐冷菌则更广泛地分布于各种低温海域。

嗜冷菌在适应低温环境的同时，其蛋白质结构特殊。它们的蛋白质含有较多的α - 螺旋结构，含有较少的 β-折叠结构。此外，它们的活性区域含有特殊的氨基酸，这使底物更容易进入活性区域，从而在低温环境中更有效地进行生物化学反应。

嗜冷菌产生的嗜冷酶在工业上有很好的应用前景。由于嗜冷酶在低温条件下仍能保持较高的催化活性，因此它们在食品加工、制药和生物技术等领域具有广泛的用途，为相关产业的发展带来了新的可能性。

（四）低营养性

海水中微生物的分布受多种因素影响，其中最为重要的是海水中营养物

质的稀薄程度。营养物质的含量直接影响着微生物的种类和数量。在河口湾和港口等附近的海域，海水和养殖水体中的微生物种类和数量相对较多，这是因为这些地区汇聚了更多的营养物质。然而，并非所有的海洋细菌都适应富含营养的环境，有些海洋细菌需要在营养贫乏的培养基上生长。当它们在一般营养较丰富的培养基上生长时，一些细菌会在第一次形成菌落后迅速死亡，而其他细菌甚至无法成功形成菌落。研究表明，这类海洋细菌在形成菌落的过程中，会因其自身代谢产物积聚过多而中毒致死，这也是导致其难以在富含营养的培养基上繁殖的主要原因。

（五）趋避性

海洋中的微生物世界中，细菌和古菌都拥有令人惊奇的游动方式，鞭毛在其中扮演着重要的角色。这些微小的生物，虽然微不足道，但其生态功能却不可小觑。

许多海洋细菌和古菌具有鞭毛，这些鞭毛用于游动，而鞭毛的数量和位置则成为它们分类的重要指标。在海洋中，细菌可以具有极生鞭毛或周生鞭毛，这些鞭毛的直径为 20 nm 左右，并由单一蛋白亚基组成。相比之下，古菌的鞭毛结构类似，但纤细多样，直径约为 13 nm，并由多种蛋白质亚基构成。这些鞭毛的存在赋予细菌和古菌以刚韧性，使它们能够像螺旋桨一样高效地游动。极生鞭毛适合在游离状态下游动，而侧生鞭毛则更适合在黏性环境中活动。

鞭毛不仅仅用于游动，它们在细菌定植和生物膜形成中也发挥着重要作用。这些微生物能在中性环境中以随机方式游动，当环境中存在诱导剂或趋避剂时，它们的运动方向频率会改变，呈现出明显的偏向性。这种现象通过化学感应器感知外界化合物浓度的变化，然后向鞭毛上的"翻滚发生器"传递信号，实现了趋化性。

在海洋光合细菌中，我们常常能观察到向光运动，即趋光性。这些微生物具有感知不同波长光的强度的能力，并朝向更高光强的区域游动。而古菌也有类似的趋向性运动，如趋氧性和趋磁性等，其中一些古菌如盐沼杆菌就含有视紫红质作为光线感应器。

还有一些海洋细菌具有磁小体内含体，使细胞能够朝着磁场的方向运动。这种现象称为趋磁性，为这些微生物提供了一种独特的游动方式。

（六）附着生长与密度感应系统

海洋中的微小生物世界一直是科学家们感兴趣的研究领域。虽然海水中的营养物质相对稀薄，但海洋环境中各种固体表面或界面上却吸附积聚着较丰富的营养物。在这样的环境中，海洋细菌扮演着重要的角色。这些海洋细菌附着在生物和非生物固体表面形成了细菌生物被膜（BBF），创造出了特定的附着生物区系。其中，有一些细菌特别附着于海洋植物表面生长，被称为植物附生细菌。

海洋细菌的生存状态主要有两种：一种是游离状态，另一种是附着于固体表面的生物被膜状态。细菌生物被膜是细菌吸附于固体表面后形成的细菌聚集包裹的膜状物，其中含有多种生物大分子。而其中最主要的成分是胞外多糖，这对海洋细菌的生长和生理功能起到重要的作用。胞外多糖帮助细菌适应海洋环境的极端温度，为细胞提供屏障保护，并促进细菌细胞间的生化作用。来自南极海洋细菌产生的胞外多糖能够有效地保护细胞免受冰晶的伤害，这对于这些生物在寒冷的南极海域生存具有重要意义。

海洋中的微生物附着现象是一种普遍存在的生物学特征，许多种类的微生物都能在各种生物和非生物表面附着并生活。这种附着现象涉及微生物产生黏着性胞外产物，以便在表面上固定自身，形成所谓的生物被膜。

微生物形成生物被膜的能力和过程受多种因素的影响，包括物理化学过程和生物群落的相互作用。不同细菌受到胞外黏多糖、细菌鞭毛的有无和数量等因素的调控，从而影响它们在表面的黏附能力。

细菌生物被膜是一种不均匀且高度组织化的多细胞结构，与游离状态下的细菌有着不同的生理代谢特性。在海洋环境中，各种表面，如岩石、植物、动物等，可能形成多层的微生物垫，其组成会受到物理和化学因素的影响。这些细菌生物被膜具有耐药性和抵抗外界不良环境的能力，在海洋生物和非生物表面膜的形成中起着重要作用。在海洋中，细菌附着生长的特性对于海洋物体表面附着生物的形成起着关键作用。特别是在贻贝等半人工采苗中，提早投放采苗器可以创造良好的条件，促使细菌和丝状藻类附着生长，从而为幼虫附着变态提供帮助。这样的操作有助于提供适宜的附着生物环境，使采苗器表面形成更有利于贻贝幼虫附着的条件。

生物被膜细菌是一类具有独特生物学特性的微生物，与其浮游状态下的行为有着明显的区别。它们以一种称为群体感应（QS）的现象进行相互交流，并通过这种方式形成自我保护的共生模式。群体感应是指当细菌数量达到一定密度时，发生的一种集体感应现象。在这种过程中，细菌会产生和释放一种称为自诱导分子的信号物质，以协调整个种群的活动并调控特定基因的表达。在群体感应的调控下，生物被膜细菌能够在面对外界环境的挑战时更好地应对，增强其生存能力。其中，海洋费氏弧菌是一个值得研究的例子，其生物发光现象就受群体感应控制。研究发现，海洋费氏弧菌中存在三类细菌群体感应系统：一是革兰氏阴性菌的 AHL（酰基高丝氨酸内酯）型，二是革兰氏阳性菌的寡肽型，三是杂合型群体感应系统。这些群体感应系统的存在使海洋费氏弧菌在特定条件下能够迅速调整自己的行为，实现种群内的有效合作与协调。

群体感应系统在细菌的生物学功能调控中发挥着重要的作用。除了控制生物发光现象外，群体感应还能调控细菌的其他多种生物学功能。例如，它参与调控次级代谢产物的合成，调控致病基因的表达，以及影响生物膜的形成过程等。这些功能的协调调节，使细菌在不同环境中能够更好地适应并展现出其复杂多样的生存策略。

（七）多形性

在显微镜下观察海洋细菌时，人们发现令人惊奇的现象：同一株细菌在纯培养中展现出多种形态。其中包括球形、椭球形、杆状以及其他不规则形态的细胞。这种多形现象在海洋革兰氏阴性杆菌中尤为常见。科学家们认为，这些多样的形态特征是微生物长期适应复杂海洋环境的结果。

海洋环境的复杂性包括温度、盐度、压力、养分浓度等多种因素的变化。为了在这样多变的环境中生存和繁殖，海洋细菌可能发展出了多形的能力。这种多形性可以使细菌适应不同的生存条件和资源利用策略。

多形性可能是细菌内部的调控机制和外界环境因素共同影响的结果。细菌的细胞壁结构、细胞分裂方式、细胞大小等因素可能会导致细菌在形态上的变化。此外，环境因素如养分限制、压力变化、物质毒性等也可能对细菌形态产生影响。

多形性的存在使海洋微生物具备了更大的适应性和生存优势。不同形态的细菌可能在不同的环境条件下具有不同的生长速率、营养利用能力和抗逆能力，从而增加了它们在复杂海洋环境中的竞争力。同时，多形性也为科学家研究海洋微生物的适应性和生态功能提供了有趣的课题。

二、海洋微生物的分布特征

海洋是地球上最大的生态系统之一，其中存在着丰富而多样的微生物群体。海洋微生物包括细菌、古细菌、真菌、原生动物和微型藻类等，它们在海洋生态系统中扮演着重要的角色。

海洋微生物的分布特征受到多种因素的影响，包括水域的物理、化学和生物学特性，以及环境梯度和相互作用。

（一）表层海水

表层海水是海洋中最活跃的微生物生态系统之一。这一区域受到光照充足的影响，所以存在大量的光合微生物，包括浮游植物、藻类和细菌等。这些微生物通过光合作用吸收阳光能量，并利用二氧化碳和水合成有机物质，释放氧气作为副产物。

光合微生物在海洋生态系统中扮演着重要的角色。它们是海洋食物链的基础，作为初级生产者，将光能转化为有机物质，供给其他生物获取能量和营养。浮游植物和藻类是主要的光合微生物，它们通过光合作用固定大量的碳，形成有机碳库，并为其他海洋生物提供食物来源。

此外，光合微生物也对海洋的碳循环具有重要影响。它们通过光合作用吸收大量的二氧化碳，并将其转化为有机碳。这有助于减少大气中的二氧化碳浓度，从而在一定程度上缓解了温室效应和气候变化。同时，当光合微生物死亡或被捕食后，它们的有机物质会沉降到海底，参与碳的长期储存和封存。

（二）深海

深海环境中的微生物生活条件确实极端，包括低温、高压和极少的光照。然而，深海微生物通过适应这些极端条件，发展出独特的生存策略，并在深海生态系统中发挥重要作用。

深海微生物通过利用化学能源代谢途径来获取能量，其中一种常见的代谢方式是化学合成作用。深海中存在许多化学反应，如硫化物氧化、甲烷氧化和铁氧化等，这些反应提供了微生物生存所需的能源和营养物质。深海微生物可以利用这些化学反应作为能源来源，从而实现自身的生长和代谢活动。

在碳循环方面，深海微生物通过参与溶解有机物的分解和利用、碳酸盐岩的溶解和沉积等过程，对碳循环起到重要的作用。它们将有机碳转化为溶解性有机物和溶解无机碳，并将部分有机碳沉积为有机质和碳酸盐矿物，参与了深海碳汇的形成。

在氮循环方面，深海微生物参与了氮化合物的转化过程，包括氨氧化、亚硝酸盐还原和氮氧化等。这些微生物通过氮化合物的氧化还原反应，将有机氮和无机氮之间进行转化，维持了深海生态系统中的氮平衡。

在硫循环方面，深海微生物参与了硫化物氧化、硫酸盐还原和元素硫沉积等关键过程。它们利用硫化物作为能源，氧化为硫酸盐，并参与硫酸盐的还原过程，将硫酸盐还原为硫化物。这些过程对维持深海环境中硫循环的平衡至关重要。

（三）海洋沉积物

海洋底部的沉积物是一个重要的微生物栖息地。这些沉积物主要由沉积的有机和无机物质组成，包括沉积的植物和动物残骸、悬浮物、沉积物颗粒等。在这些沉积物中存在着丰富多样的微生物群落，包括细菌、古细菌、真菌和原生动物等。

这些微生物在海洋底部沉积物中发挥着重要的生态功能。首先，它们是有机物质的分解者和降解者。通过分解沉积物中的有机物质，这些微生物能够释放出营养物质，如氮、磷和硫等，进而影响着生物地球化学循环。例如，一些细菌能够参与硫循环，氧化硫化氢产生硫酸盐，从而维持海洋底部的硫循环平衡。其他微生物也参与着氮循环和磷循环等重要的生物地球化学过程。

此外，微生物还在沉积物的形成和结构中扮演着重要角色。它们通过胞外聚合物的产生和聚集，促进沉积物颗粒的胶结和粘结，从而影响着沉积物的物理性质和孔隙结构。微生物的代谢活动也可以导致沉积物的地球化学特征发生变化，如改变沉积物的酸碱度、氧化还原条件等。

（四）海洋界面

海洋中的界面区域，如海洋表层和底层、河口和海洋交界处等，通常是微生物生物多样性的热点区域。这些界面区域在地理、物理和生化特性上呈现明显的差异，为微生物提供了独特的生态环境和资源。

第一，海洋表层和底层界面。海洋表层和底层之间的界面区域是微生物生态系统中重要的交互区域。表层水域充满了光照和氧气，有利于光合微生物的生长，如浮游植物。而底层水域通常处于较少的光照和氧气条件下，更适合厌氧微生物的繁殖。这种界面区域的不同环境条件形成了复杂的微生物群落结构和生态功能。

第二，河口和海洋交界处。河口是河流与海洋相交的地区，是陆地和海洋之间的过渡区域。这里的界面区域受到来自陆地的淡水输入和悬浮颗粒物的影响，同时也受到海洋水体的盐度和水动力条件的影响。这种复杂的环境条件提供了丰富的营养物质和有机质，吸引了大量的微生物。河口和海洋交界处是生物多样性高、微生物活动活跃的区域，有助于微生物之间的相互作用和生态功能的发挥。

这些界面区域的特殊性质和丰富的资源输入为微生物提供了独特的生长和繁殖条件。微生物在这些界面区域中发挥着重要的生态功能，包括有机物分解、营养循环、氮固定等。对于理解海洋生态系统的结构和功能，以及探索微生物在其中的角色，研究界面区域的微生物生物多样性和生态过程至关重要。

（五）海洋热涡和边界流

热涡是指海洋中的旋涡形态，其形成通常与海洋的温度和盐度梯度有关。热涡可以是大尺度的海洋环流系统，如大洋环流中的环流涡旋，也可以是小尺度的湍流结构，如温度涡和涡旋。这些热涡在海洋中形成了复杂的水体运动，可以将微生物从一个区域转移至另一个区域。微生物可以随着水流被输送，影响其分布和扩散范围。这种输送和混合作用可以促进微生物的遗传交流和种群的扩大。

边界流是指海洋中两个不同水体相遇的区域，通常由于不同水体的温度、盐度或密度差异而形成。边界流的形成会产生边界层，其中水体以不同的速度和方向运动。这种水体运动可以将微生物从一个水体带到另一个水体，并且在边界层中可能发生混合和相互作用，影响微生物的分布和生态功能。

热涡和边界流的存在为海洋微生物的分布和迁移提供了复杂的动力学环境。它们在全球范围内形成了复杂的海洋循环系统，促进了微生物的扩散和混合，对海洋生态系统的结构和功能具有重要影响。研究这些水体运动对海洋微生物的影响有助于更好地理解海洋生态系统的动态性和微生物的生态适应性。

第二节　海洋生物酶的开发与利用

一、蛋白酶

蛋白酶是一类水解酶，它们能够催化蛋白质或肽类的肽键降解。根据在肽链中的作用位点，蛋白酶可以分为外肽酶和内肽酶两大类。外肽酶主要水解接近多肽链末端的肽键，其中包括氨肽酶和羧肽酶。而内肽酶则作用于多肽链内部的肽键，根据催化机制，内肽酶又可细分为丝氨酸蛋白酶、半胱氨酸蛋白酶、天冬氨酸蛋白酶和金属蛋白酶。

此外，蛋白酶还可以根据作用最适 pH 分为碱性蛋白酶、中性蛋白酶和酸性蛋白酶，它们的最适 pH 分别为 pH9～11、pH7～8 和 pH2.5～5。不同的 pH 值影响蛋白酶的活性和稳定性，因此它们在不同环境下发挥作用。

另外，蛋白酶还可以根据作用温度进行分类，包括嗜冷蛋白酶、中温蛋白酶和嗜热蛋白酶。嗜冷蛋白酶最适合的温度范围为 5～10 ℃，但一旦温度达到 30 ℃时，它们会极易失活。中温蛋白酶的最适作用温度为 30～40 ℃，但当温度达到 50 ℃时，它们也会迅速失去活性。而嗜热蛋白酶则在较高温度范围内表现出色，最适作用温度为 60～80 ℃。

（一）产蛋白酶海洋微生物

1. 产蛋白酶微生物的种类

在微生物界中，产蛋白酶的多样性令人惊叹。细菌、古菌、放线菌、霉菌和酵母菌等各自都拥有不同类型的产蛋白酶。在细菌中，黄杆菌属、芽孢杆菌属、假交替单胞菌属、弧菌属、别单胞菌属、科尔韦尔氏菌属、海洋芽孢杆菌属、假单胞菌属、玫瑰杆菌属和芽孢八迭球菌属等属类都是产蛋白酶的代表。而在古菌中，甲烷球菌属是"一位重要的蛋白酶生产者"。另外，放线菌也是产蛋白酶的一大来源，链霉菌属和糖多孢菌属等是其代表性属类。不仅如此，霉菌也是产蛋白酶的重要来源，其中曲霉属、青霉属和侧齿霉属等在该领域中扮演着重要的角色。而酵母菌中的短梗霉属和梅奇酵母属也是不可忽视的"蛋白酶生产者"。

2. 菌种的选育

在海洋环境中采集样品并分离纯化微生物的过程中，研究人员广泛涉及浅海、深海和红树林等不同区域的海水、沉积物以及多种海洋生物，如海鱼、船蛆、贝类、海胆、海蟹和海藻等。为了获得单一的微生物菌株，他们通常使用稀释涂布分离法或平板划线分离法，并在不同的培养基上进行培养和纯化操作，常见的培养基包括陈海水或人工海水。

为了更好地满足不同微生物的生长要求，针对不同类别的微生物采用了不同的培养条件。对于细菌的分离培养，使用 2216E 培养基，而对于霉菌和酵母，则使用麦芽汁琼脂（MEA）、玉米粉琼脂（CMA）和察氏培养基（CDA），以及补充 0.05%氯霉素的酵母膏蛋白胨葡萄糖（YPD）琼脂。

在获得多个微生物菌株后，需要筛选出产酶能力较好的菌株。为此，通过测试微生物的产酶能力，选择出产酶性能较好的 1～3 株菌株作为进一步研究的对象。

随后，为了获得高产稳定的菌株，采用诱变育种的方法。使用物理或化学诱变剂处理待选菌株，促使其产生更多的突变，然后从中选出性能优良的突变菌株。通过这一步骤，得到了一株名为 YS-9412-130-SW1-104 的突变菌株。该突变菌株经过亚硝基胍、硫酸二乙酯、紫外线（UV）与微波（MI）复合诱变和自然选育，成功获得了高产稳定的特性。具体来说，该突变菌株在低温碱性条件下产生的蛋白酶量是出发株的 16 倍。

（二）蛋白酶的应用

1. 在洗涤剂工业中的应用

蛋白酶在工业上有一个主要应用领域，就是在洗涤剂中的广泛使用。常用的是碱性蛋白酶。这种酶被添加到洗涤剂中，对于去除血渍、奶渍、汗渍等蛋白质污垢非常有帮助。它的作用是将污垢降解成易溶解、易分散的短肽，这样污垢就更容易被洗掉了。这种特性使蛋白酶成为洗涤剂中不可或缺的成分，能够有效地提高洗涤效果。通过使用蛋白酶，洗涤剂可以更有效地处理各种蛋白质污垢，使衣物、织物等更容易保持干净和清洁。这不仅在家庭中受到欢迎，而且在工业和商业领域也被广泛应用，为各类衣物和织物的清洁提供了可靠的解决方案。

2. 在食品工业中的应用

（1）酶解蛋白。蛋白酶可以将复杂的蛋白质分解为较小的肽段或氨基酸，这在食品加工中非常有用。例如，在制作乳制品（如乳酪和酸奶）时，蛋白酶可以将牛乳中的蛋白质分解为较小的肽段，改善口感和消化性能。类似地，蛋白酶也可以在面包制作过程中用于改善面团的发酵性能和面包的质地。

（2）催化剂。蛋白酶可以作为催化剂，在食品加工中促进化学反应的进行。例如，蛋白酶可以用于肉制品的嫩化，通过水解蛋白质的连接，使肉质更加柔软和嫩滑。

（3）酶制剂。蛋白酶可以作为酶制剂添加到食品中，用于改善食品的质地、口感和风味。例如，蛋白酶可以用于制作酱油和豆酱，以加速发酵过程，并产生特定的风味和香气。

（4）蛋白质工程。蛋白酶在蛋白质工程中也发挥着重要作用。通过使用蛋白酶，可以改变蛋白质的结构和功能，从而改善食品的特性。例如，蛋白酶可以用于改善酵母蛋白的溶解性和功能性，提高面包和面团的质量。

（5）防腐剂。某些蛋白酶具有抗菌作用，可以用作食品的天然防腐剂。它们可以抑制细菌和真菌的生长，延长食品的保质期。

蛋白酶的应用需要根据具体的食品类型和处理过程进行调整和控制，以确保食品质量和安全性。此外，合理使用蛋白酶也需要考虑工艺条件、酶的适用性、添加剂的法规要求等因素。

3. 在纺织行业中的应用

（1）去渍剂和洗涤剂。蛋白酶可以被用作去渍剂和洗涤剂的成分之一。在纺织品生产过程中，蛋白质污渍很常见，如血液、汗渍和食物渍等。蛋白酶能够降解这些蛋白质污渍，使其容易被清洗。

（2）退色剂。在染色和印花过程中，某些不需要的色素可能会残留在纺织品上。蛋白酶可以用作退色剂，通过降解这些色素分子来减少或消除色素残留，从而改善纺织品的色彩效果。

（3）酵洗酶。酵洗酶是一类特殊的蛋白酶，可用于对纺织品进行酵洗处理。酵洗是一种对纤维进行表面修饰的方法，通过蛋白酶的作用，可以改善纺织品的柔软度、光泽和手感，并去除纤维表面的毛羽。

（4）抗皱剂。蛋白酶也可以用于制备抗皱剂。这些抗皱剂可以用于纺织品的后整理过程，通过与纤维中的蛋白质发生化学反应，增加纤维的柔软性和抗皱性能。

（5）酶漂白剂。在纺织品漂白过程中，传统的化学漂白剂可能对环境造成负面影响。蛋白酶作为一种替代品，可用于酶漂白剂的制备，通过降解纺织品中的色素和其他有机物质，实现环境友好的漂白过程。

4. 在医药行业中的应用

（1）药物研发。蛋白酶在药物研发过程中用于药物靶点的鉴定和验证。研究人员可以利用蛋白酶酶解技术对复杂的生物样本进行分析，确定药物靶点的结构和功能，从而设计和开发针对特定疾病的药物。

（2）生物制药。蛋白酶在生物制药中扮演着重要角色。它们可以用于制备重组蛋白药物，如蛋白激酶抑制剂、单克隆抗体和融合蛋白等。蛋白酶可以用于裁剪和修饰蛋白质分子，以获得所需的药物效果和稳定性。

（3）蛋白质工程。蛋白酶在蛋白质工程中被广泛应用。通过改变酶的结构和功能，研究人员可以设计和构建具有特定活性和稳定性的蛋白质分子。这为开发更高效、更稳定的药物提供了可能性。

（4）诊断和检测。蛋白酶在诊断和检测技术中被用作生物标志物的检测工具。例如，酶联免疫吸附实验（ELISA）利用酶作为标记物，通过检测酶的活性来确定特定蛋白质的存在。这种技术在临床诊断和生物研究中被广泛使用。

（5）治疗。某些蛋白酶被用作治疗性药物。例如，蛋白酶抑制剂可以用于抑制炎症反应、调节免疫系统功能、治疗某些癌症和神经系统疾病等。此外，蛋白酶在组织工程和再生医学领域也有应用，用于促进组织修复和再生过程。

二、溶菌酶

溶菌酶是一种被广泛应用的重要酶类，全称为 1，4-β-N-溶菌酶，也被称为细胞壁溶解酶或 N-乙酰胞壁质聚糖水解酶。它专门作用于细菌细胞壁的骨架物质——肽聚糖，通过选择性地分解微生物的细胞壁，从而形成溶菌现象，但不会破坏其他组织，因而具有高安全性。

在实际应用中，溶菌酶的应用领域非常广泛。作为特异性溶解细胞壁的酶，它成为获取细胞壁、细胞质膜结构和免疫化学信息的有力工具。在分子生物学技术中，溶菌酶作为工具酶发挥着重要作用，用于制备原生质体、获取染色体及质粒 DNA 等方面。此外，溶菌酶在食品、医药以及生物学等领域也发挥着重要作用。作为食品和药品的杀菌剂，溶菌酶能够有效地杀灭微生物，保持食品和药品的安全性。在医疗行业中，溶菌酶在龋齿病的防治方面发挥着积极作用。

需要指出的是，大部分商品溶菌酶来自鸡蛋清的提取，它只对革兰氏阳性菌有作用，因此应用范围受到一定限制。尽管如此，溶菌酶在制备菌体内含物、获得天然微生物蛋白等方面仍然必不可少。

（一）溶菌酶的性质

溶菌酶是一种酶，其应用前提包括最适温度和最适 pH 等基本性质。鸡蛋清溶菌酶和海洋微生物溶菌酶都属于相对分子质量较低的蛋白质，但它们在性质方面有着明显的差异。

鸡蛋清溶菌酶在最适温度方面表现出较高的适应性。它在酸性条件下表现稳定，其活性在 pH4～7 的范围内仍能在 100 ℃处理 1 分钟后保持活性。然而，在碱性条件下，它的热稳定性较差，可能会失去活性。鸡蛋清溶菌酶对革兰氏阳性菌有一定的抑制作用，但抑制作用不明显，其抗菌谱并不十分广泛。

相比之下，海洋微生物溶菌酶在最适温度方面表现出较低的适应性。然而，它在酸性和碱性条件下都相对稳定，具有较好的热稳定性。这使海洋微生物溶菌酶在不同环境条件下都能保持其活性。而且，它的抑菌谱相当广泛，可以同时抑制革兰氏阳性菌和革兰氏阴性菌，展现出独特的抑菌优势。

（二）溶菌酶的应用

1. 在水产养殖中的应用

自 1945 年磺胺药成功应用于治疗鳟鱼疖疮病后，化学治疗成为防治疾病的重要手段。然而，随着时间的推移，现行病害防治手段，如抗生素，受到许多国家的禁用和取缔。在中国水产养殖业中，对化学药品的大量使用和滥用带来了严重的后果。这不仅威胁到人体健康，还限制了产品的出口，制约了产业的发展。

面对这种局面，寻找一种新的、安全有效的替代品势在必行。而溶菌酶作为一种天然蛋白质，成为备受瞩目的绿色消毒剂。与传统化学药品相比，

溶菌酶的使用无需受到剂量限制，其无毒、无残留、无抗药性的特性为其赢得了青睐。

近年来的研究表明，海洋微生物溶菌酶在水产养殖中具有广泛应用的潜力。特别是作为饲料添加剂或水质消毒剂，它表现出了在防病、促生长、提高饲料效率和增加产品肥满度方面的特殊功效。在水产养殖业中，对虾养殖业是一项重要的经济活动。海洋微生物溶菌酶在这个领域中显示出了特效。通过应用溶菌酶，对虾的成活率得到显著提高，其杀菌灭毒活力对保持对虾健康起到了积极作用。特别是将溶菌酶添加在饲料中，效果更加显著，这不仅保障了对虾的生长发育，同时也保持了对虾养殖的健康环境。

2. 在化学洗涤剂中的应用

海洋微生物溶菌酶消毒洗涤系列产品是由溶菌酶和柔和的中性表面活性剂组成的。这种产品融合了两种成分的优势，以实现高效的消毒洗涤功效。表面活性剂在其中起到去污的作用，可以有效清除表面的污垢和油脂。其具有强大的去污能力，使产品在日常清洁过程中非常实用。而溶菌酶则是这种消毒洗涤产品的关键成分，因为它具备优异的杀菌特性。对于常见的病原菌，如金黄色葡萄球菌、大肠杆菌、溶血性链球菌和厌氧菌等，这种酶制剂展现出强大的杀菌能力，可以有效地减少细菌的存在。

与许多传统洗涤剂不同的是，这种消毒洗涤产品的使用并不会导致细菌产生耐药性。这一特点非常重要，因为耐药性的产生可能导致治疗和卫生方面的问题。因此，这种产品的持续使用可以保持其杀菌效果，对于有长期消毒、洗涤需求的场合尤为适用。

除了强大的消毒效果，该产品的另一优势是其对人体的温和性。含有蛋白酶成分，它对黏膜和皮肤没有刺激性，即使透过皮肤吸收进入人体也不会造成任何危害。其成分中还包含有弹性蛋白活性中心，使产品对损伤皮肤组织具有一定的保护和修复作用，让人们可以放心使用而不用担心刺激或损伤肌肤。在当前全球"保护环境"的大环境中，环保洗涤剂的推广显得尤为迫切。这种海洋微生物溶菌酶消毒洗涤系列产品正是符合这一趋势的产品之一。它不危害人体健康，也不会破坏生态环境，同时能高效地实现杀菌消毒的效果。因此，这种洗涤剂的广泛应用将有助于提高环境保护意识，同时为人们提供一个安全、高效的消毒洗涤解决方案。

第三节　海洋微生物能源的开发与利用

一、海洋成油成气

海洋中蕴藏着丰富的石油和天然气资源。海洋微生物在这些石油和天然气形成过程中发挥了关键性作用。

（一）海洋微生物在石油形成过程中的应用

石油是一种主要由碳氢化合物构成的混合物，其主要化学元素是碳和氢，分别占 83%～87%、11%～14%。此外，还含有少量的硫、氮、氧及微量金属元素。石油的主要组成部分是由碳和氢化合形成的烃类，占据了石油的 95%～99%。其中，烃类又包括烷烃、环烷烃、芳香烃等。微生物在石油原油形成过程中的作用具体体现在以下两个方面：

1. 微生物本身形成原油

微生物在地质历史中扮演着重要角色。它们主要由蛋白质、脂肪和碳水化合物组成，这些大分子是形成烃类的良好成烃母质。当微生物自溶后，会释放出大量的烃类，这些烃类构成了原油的一小部分。这些微生物广泛存在于现代沉积的各种环境中，沉积物中微生物的浓度最高可达到干沉积物重量的 1%，并对总有机碳（TOC）贡献可达 50%。

缺氧沉积环境相较于有氧沉积环境，有机碳沉积速率和有机质 H/C 原子比分别提高了 50%和 80%。这种缺氧环境为有机质的保存和微生物的发育提供了有利条件，并与有机质 H/C 原子比的提高以及有机碳沉积速率密切相关。

微生物通过酶的作用对细胞中的有机质进行分解，从而获得代谢所需的能量来源和物质基础。在这一过程中，蛋白质和碳水化合物的降解提供了氨基酸和糖，供细菌进一步利用，而类脂化合物则会保存在藻细胞中。

细菌对有机母质的降解不仅为自身提供了能量，还有利于有机母质中成烃组分（类脂化合物）的保存与富集。这些成烃组分在地质过程中逐渐形成了原油的一部分，对油田的形成和储集产生着重要影响。

2. 微生物催化沉积于海底的有机质转化为石油

在海洋中，微生物发挥着重要的作用，促进有机物转化为烷烃和芳香烃。细菌特别能够提高异氧黄花藻的产气率，导致产物中烃气与非烃气比值增加。微生物的降解活动对海洋中的有机质具有显著影响，尤其是对烷烃的产出量有明显提升，同时缩小了正构烷烃的碳数分布范围。

海底沉积的有机质也能受到微生物的转化。尤其在低演化阶段，微生物能够直接将有机质转化为石油烃类，这为石油资源的形成提供了一个重要的途径。通过微生物的发酵作用，沉积物样品的生烃潜力显著增强，饱和烃和芳烃含量明显增加，而正构烷烃样品中轻组分也会增加。

模拟实验表明，微生物的生物降解作用在藻类有机质受热降解之前广泛存在，而且这种降解有利于有机质向更有利于烃类生成的方向转化。微生物的参与加速了有机质向烃的转化过程，这对石油资源的形成和海洋生态系统的平衡都有重要意义。

（二）海洋微生物在海洋甲烷水合物形成中的应用

甲烷水合物是在海洋深水区域广泛存在的冰状晶体，其主要成分为甲烷气体和挥发性液体，形成于低温（0～10 ℃）和高压（>10 MPa）条件下与水分子结合。甲烷水合物的甲烷气体来源可以分为有机成因气和无机成因气两种，然而，目前已发现的甲烷水合物主要是由有机成因气形成的。这种有机成因气是由生物成因气体转化而来，指的是有机质在微生物的生物化学作用下转化形成的气体，而这也被认为是甲烷水合物形成的主要来源之一。这些甲烷水合物主要分布于深海沉积物或者陆域的永久冻土中，而其中深海沉积物是它们分布最广的地区。值得注意的是，在世界多个地区都已经发现了海洋甲烷水合物的存在。这一发现引起了科学家们的极大兴趣，因为甲烷水合物不仅是一种重要的能源资源，还与全球气候变化密切相关。

对于能源方面，甲烷水合物的庞大储量为开采海洋能源提供了潜在的新途径。然而，开采和提取这些资源也带来了环境风险，因为甲烷是一种强效的温室气体。因此，科学家们需要深入研究甲烷水合物的开采方法，以最小化对环境的影响。

此外，甲烷水合物的存在还可能与全球气候变化相关。随着全球气温升高，深海和永久冻土中的甲烷水合物可能会释放更多的甲烷气体，加速温室效应，从而对地球气候产生进一步影响。因此，对于甲烷水合物的研究也与全球环境保护和气候变化的解决方案息息相关。

海洋微生物在海洋甲烷水合物形成中的作用主要体现在以下两个方面：

1. 甲烷水合物形成过程中微生物的贡献

生物甲烷的生成是一个复杂的过程，它涉及多种微生物群的协同作用。在这个过程中，甲烷菌起着至关重要的作用，它们参与了厌氧微生物分解有机质的最后环节。然而，甲烷菌并不直接处理复杂的有机物，而是依赖其他微生物将这些复杂有机质转变为简单的化合物，然后再进行代谢。这个代谢过程产生了甲烷，而甲烷菌能够利用多种基质，如氢、二氧化碳、甲醇、甲酸、乙酸和甲胺等。

关于甲烷生成的途径，主要有两种：一种是二氧化碳还原作用，另一种是发酵作用。对现代海相沉积物的观察认为，总有机碳含量为 0.5%～1% 的沉积物足以支持显著的甲烷生成活动。

甲烷的分布广泛，但要保持稳定的状态，需要具备一定的条件：一是甲烷需要埋藏在较深的地层，同时具备相应的圈闭和封盖条件；二是甲烷可以形成甲烷水合物，这也是其稳定存在的一种形式。

海洋环境为甲烷水合物的形成和甲烷的形成提供了条件。同时，碳同位素分析结果表明，海洋甲烷水合物中的甲烷多具有微生物成因的分子和碳同位素组成特征。这意味着微生物在甲烷的生成过程中扮演着重要的角色。

2. 影响生物气生成的因素

生物气是甲烷水合物形成的关键气源，其的充足供应取决于产甲烷菌的生存条件。这些菌在环境氧化还原程度的影响下发挥活性，而厌氧环境则对它们的繁殖有利。虽然产甲烷菌对温度适应性很强，但其主产气带的最佳温度范围为 25～65 ℃。

温度也是影响细菌活性的关键因素，因此生物气的生成受到温度的影响，随着温度的提高，细菌的活性也会增强。然而，产甲烷菌在适宜的 pH 范围内才能最有效地发挥作用，其最适宜的 pH 范围为 6.4～7.5。过低或过高的 pH 都会影响产甲烷菌的生长和甲烷产率。

不仅如此，pH 与温度在产甲烷菌生态中具有类似的作用。在浅表层，pH 水平抑制了产甲烷菌的生长，而在适宜的深度，它们被激活以进行繁殖。因此，要维持充足的生物气供应，就需要在合适的温度和 pH 条件下创造适宜的生存环境，以促进产甲烷菌的活性和繁殖。

二、生物柴油

生物柴油是一种清洁生物燃料，其制备过程涉及将油料作物、微藻和动物油脂等原料通过酯交换反应转化为甲酯或乙酯燃料。这种可替代石化柴油的燃料在生产成本和使用性能方面与现有的石化柴油基本相当，因此备受关注。其主要成分包括软脂酸、硬脂酸、油酸、亚油酸等长链饱和或不饱和脂肪酸与甲醇或乙醇等醇类形成的酯类化合物。

生物柴油以其良好的环境特性和可生物降解性而备受青睐，这使它在未来拥有广阔的发展前景。在追求理想的柴油替代品时，具备一定特性是关键。这包括较长的碳直链、少量双键且最好在碳链末端或均匀分布、含有适量的氧元素。最好的情况是其为酯类、醚类、醇类化合物，而不含有芳香烃结构，同时尽可能没有或只有很少的碳支链。

生物柴油相对于石化柴油具有多种性质和优越性，使其成为一种具有潜力的绿色替代燃料：① 生物柴油比石化柴油具有更高的运动黏度，这有助于提高机件的润滑性，从而降低机器部件的磨损，延长机器的使用寿命；② 生物柴油的闪点较高，这意味着在运输和储存过程中更安全，减少了火灾和爆炸的风险；③ 生物柴油的十六烷值较高，因此其抗爆性能优于石化柴油，使其在引擎运行时更加稳定可靠；④ 生物柴油含氧量较高，这使它在燃烧和点火方面优于石化柴油，从而提供更高的热能效率；⑤ 生物柴油是无毒的，且具有良好的生物分解性，因此在使用和处理后对环境造成的影响较小，表现出优秀的环保性能；⑥ 生物柴油不含有致癌性芳香族烃类等有害物质，相比之下，其有害物质含量极少，有助于改善空气质量和减少对人体的健康风险；⑦ 生物柴油可以直接添加使用，无需对柴油机进行改动或特殊技术训练，这使使用生物柴油变得更加便捷和可行；⑧ 生物柴油具有双重效果，既可以促进燃烧效果，提高能量利用效率，又可以作为燃料本身，满足能源需求；⑨ 生物柴油可以与石化柴油调和使用，通过这种方式可以降低油耗，提高动力特性，同时减少尾气排放和环境污染；⑩ 生物柴油在排放方面表现出较低的颗粒物、CO_2 和 CO 排放量，对减少温室气体的排放和改善空气质量具有积极作用。

微藻是制备生物柴油的理想生物质能原料之一。微藻具有多样性、高效率光合作用、高产量、快速生长繁殖、短生长周期和强大的自身合成油脂能力，这些特点使其成为生物柴油制备的重要来源之一。

除了微藻，海洋微生物中的藻类和细菌在生物柴油的生产过程中也扮演着重要角色。这些生物作为生物柴油的生产微生物，促进了可再生能源的制备，为环境友好型燃料的推广和应用作出了积极贡献。总的来说，生物柴油在性质和优越性方面的多重优势使其成为一种有潜力的可持续替代能源，为减少对化石燃料的依赖和减少环境污染提供了可行的选择。

（一）藻类生物柴油

海洋中存在着丰富的微藻资源，如硅藻、绿藻、蓝藻等。这些微藻具有高生物量、快速生长和高油脂含量的特点，适合作为生物柴油生产的原料。通过培养和提取海洋微藻中的油脂，可以制备藻类生物柴油。藻类生物柴油具有低凝点、低排放和可再生的特性，被视为一种有潜力的替代石油燃料。

（二）细菌生物柴油

除了藻类，海洋微生物中的一些细菌也具有生产生物柴油的能力。其中，嗜热细菌和嗜盐细菌是两个重要的类别，它们在高温和高盐度环境中生存并且能够利用有机废弃物或油脂来合成脂肪酸甲酯（生物柴油的主要成分之一）。

嗜热细菌是一类适应高温环境的微生物，它们存在于热泉、海底热液喷口和其他高温环境中。这些细菌具有特殊的代谢途径和酶系统，使其能够将有机废弃物或油脂转化为脂肪酸甲酯。由于嗜热细菌生活在高温条件下，其生物柴油产物通常具有较低的凝固点和更好的低温流动性。

嗜盐细菌则是适应高盐度环境的微生物，在海洋的咸水湖、盐田和海洋盐度高的区域中广泛存在。这些细菌能够通过代谢途径将有机废弃物或油脂转化为脂肪酸甲酯，产生高质量的生物柴油。嗜盐细菌生产的生物柴油通常具有较高的抗氧化性和较好的燃烧性能。

通过研究和筛选具有高产生物柴油能力的嗜热细菌和嗜盐细菌菌株，并优化其培养条件，可以提高生物柴油的产量和质量。此外，基因工程技术也可以应用于这些细菌，以改良其代谢途径和酶系统，进一步提高生物柴油的产量和性能。

（三）改良和优化

为了提高海洋微生物生产生物柴油的效率和产量，科研人员进行了大量的改良和优化工作。这包括优化生物柴油生产微生物的培养条件、调节碳源和氮源的浓度、改良菌株和基因工程等。这些努力旨在开发更高效、经济可行的海洋微生物生物柴油生产技术。

1. 培养条件的优化

科研人员通过调节海洋微生物的培养条件，如温度、光照、pH、氧气浓度和营养物质的供应等，来优化生物柴油的产量。确定最适宜的培养条件可以促进微生物的生长和油脂积累。

2. 碳源和氮源的调节

提供适当的碳源和氮源对于海洋微生物的生长和生物柴油产量至关重要。科研人员研究不同碳源和氮源的组合及其浓度对生物柴油生产的影响，以找到最适宜的供应策略。

3. 菌株改良和基因工程

通过选择和改良高产油脂的菌株，科研人员可以增加生物柴油的产量和质量。此外，基因工程技术可以用于改造微生物的代谢途径，以提高油脂的积累和生物柴油的合成效率。

4. 混合培养和共生系统

一些研究探索了不同海洋微生物之间的混合培养和共生关系，以提高生物柴油产量和效率。通过利用微生物之间的相互作用和协同效应，可以达到更高的生产效果。

第四节　海洋微生物在食品中的开发与利用

一、海洋微生物在食品安全控制中的应用

（一）噬菌体在食品加工与保藏中的应用

噬菌体作为细菌的天敌，具有专一性杀灭耐药型细菌的能力，因此被认为具备取代抗生素的潜力。研究结果表明，噬菌体在食品领域中的应用具有显著效果，能有效抑制食品中的病原菌生长，同时降解食品加工过程中的细菌生物被膜，从而延长食品的保鲜期和安全性。

噬菌体的历史可追溯到抗生素出现之前，其在细菌控制和治疗方面拥有悠久的历史。在 20 世纪 40 年代，抗生素被广泛使用，推广之后，噬菌体的应用受到了冲击，抗生素被广泛应用于医疗领域。近年来，"超级细菌"的出现使耐药性问题日益严重，传统抗生素难以应对这一挑战，噬菌体再次受到重视。"无药可医"的问题日益严峻，使科学家们再次关注噬菌体的疗效。

噬菌体在食品加工与保藏中的应用主要体现在以下五个方面：

1. 原料采集环节杀灭病原菌

为了避免动物屠宰过程中血液和粪便的流出而污染尸体，可采用噬菌体进行消毒。噬菌体是一种能够攻击有害细菌的微生物，可以在屠宰后对动物尸体进行处理，减少病原菌污染的风险。此外，还可以在动物原料采集（例如挤奶或屠宰）之前，通过口服噬菌体来杀灭其体内的病原菌，从源头上防止疾病传播。这种方法能有效保障食品安全，减少疾病传播的可能性。

2. 生产或加工环节对设备等进行消毒

噬菌体被广泛应用于生产环境净化和工作表面消毒。它能有效清洁地面、墙壁和加工设备等。举例来说，阪崎肠杆菌污染的不锈钢盘表面经过噬菌体处理后，再次检测时未发现该菌的存在，而未处理的对照组仍然含有该菌，并可能轻微滋生。另外，噬菌体混合物 BEC8 用于处理不同材质的工作表面，在室温下仅 1 小时，就能有效地实现杀菌效果。这些结果表明噬菌体在生产环境卫生控制方面具有潜在的应用前景，能够提高环境卫生水平，减少病原菌传播的风险。

3. 延长食品储藏期

在食品保质期延长和婴幼儿健康保护方面，噬菌体发挥着重要作用。首先，噬菌体作为一种天然防腐剂，能够有效延长食品的保质期。然而，婴幼儿配方奶粉的生产过程存在难以完全无菌的问题，这导致了阪崎肠杆菌等病原菌在室温中的繁殖，从而构成了对新生儿健康的威胁。特别是阪崎肠杆菌会引发新生儿脑膜炎，而婴儿配方奶粉则成为主要的感染途径。

为了应对这一问题，雀巢技术公司采取了创新举措。他们开发出了对阪崎肠杆菌具有裂解潜力的无毒噬菌体。这种噬菌体能够安全储存婴儿配方奶粉，防止病原菌的污染。通过引入这种噬菌体技术，生产过程中的病原菌问题得到了有效的控制，确保了婴幼儿奶粉的安全性。

4. 对新鲜的水果蔬菜进行消毒

噬菌体不仅可以延长食品保质期，还可用作抗菌剂对水果蔬菜进行消毒。例如，沙门氏菌是导致食物中毒的常见原因。实验中使用噬菌体混合物处理受污染的哈密瓜和苹果后，沙门氏菌数量明显减少。这种创新方法为食品安全提供了有力支持，保障了食品的健康和卫生。

5. 检测食源性病原菌

噬菌体技术在食品安全领域具有广泛的应用前景。噬菌体是一类具有严格宿主特异性的病毒，可以用于检测和控制食品中的病原菌，特别是食源性病原菌。

一种常见的噬菌体检测技术是噬菌体扩增法。该方法通过将特定噬菌体添加到待检测食品中，使其感染宿主病原菌并形成噬菌斑，从而指示食品中是否存在病原菌。这种方法因其高度的特异性和敏感性而受到广泛关注，可以在食品生产和加工过程中迅速检测到病原菌的存在，有助于及早采取控制措施，保障食品安全。

荷兰 EBI 食品安全公司是噬菌体技术的先驱之一，在这个领域取得了显著的成果。他们开发了噬菌体制剂 ListexMP100，该制剂可以有效避免肉类和奶酪类产品中的李斯特氏菌污染，并且已经获得了美国食品药品监督管理局（FDA）的 GRAS 认证，证明其对人体安全可靠。除了 ListexMP100，FDA 还批准了其他一些噬菌体产品用于食品安全控制。例如，EcoShieldM 产品可用于控制食品中大肠杆菌 O157：H7 的污染，SalmonelexM 产品可用于控制食品中沙门氏菌的污染。这些产品的批准进一步证明了噬菌体技术在食品安全领域的重要性和潜力。

除了在肉类和奶酪产品中的应用，噬菌体技术还可以用于控制其他食品中的病原菌。例如，噬菌体 Spp001 可以控制冷藏鲜鱼中的腐败希瓦氏菌，从而延长食品货架期，显示出抑菌防腐的效果。这对于海鲜等易受微生物影响的食品来说尤为重要。

噬菌体技术还具有应用于控制来源于海洋的病原菌的潜力。海洋食品可能携带多种病原体，对人类健康构成潜在威胁。通过利用噬菌体的特异性感染特定病原菌，可以在海产品加工和贮存过程中有效控制食品安全风险。

（二）噬菌体内溶素的研究与应用

应用噬菌体内溶素代替噬菌体已成为解决细菌感染问题的一项重要发现。内溶素是烈性噬菌体释放的蛋白质，其具有裂解细菌细胞壁的作用。这项研究表明内溶素对多种细菌都有抑制作用，包括肺炎双球菌、炭疽芽孢杆菌、金黄色葡萄球菌、克雷伯氏菌属、李斯特氏菌属和沙门氏菌属。

　　与噬菌体相比，内溶素的优势显而易见：① 内溶素的使用可以降低抗性产生的风险，这是因为它不会携带遗传信息，使细菌难以对其进化产生耐药性；② 内溶素具有更广泛的裂解谱，能够对多种细菌类型产生杀菌效果；③ 内溶素作用迅速，能够快速地杀灭细菌，从而有助于更快地控制感染；④ 内溶素在食品应用中被认为是相对安全的，这为其在食品工业领域的应用提供了潜在的可能性。

　　噬菌体感染细菌的过程是一个复杂的过程，涉及多个步骤：首先，噬菌体通过吸附到细菌表面来识别目标细菌。其次，噬菌体通过核酸注入进入细菌细胞内。一旦在细胞内，噬菌体开始利用细菌的生物合成机制来复制自身并装配成新的噬菌体。最后，内溶素发挥作用，导致细胞壁破坏，细菌被溶解。

　　噬菌体的裂解专一性是由其吸附特异性和内溶素裂解机制的复杂性共同决定的。噬菌体能够选择性地吸附到目标细菌表面，这与其特异的吸附机制密切相关。一旦噬菌体进入细菌细胞内，内溶素发挥作用并与特定的细菌细胞壁成分相互作用，从而实现了裂解专一性。

　　细菌的细胞壁是由肽聚糖层构成的，而这些肽聚糖层中的化学键包括糖苷键、酰胺键和肽键。根据它们对细菌细胞壁的共价键位点的作用方式，内溶素可分为四类：① 葡糖苷酶。这一类酶包括两种类型，即 N-乙酰胞壁酸酶和 N-乙酰氨基葡糖糖苷酶。它们能够水解细菌细胞壁中的糖苷键，参与细菌细胞壁的降解和代谢。② 酰胺酶或 N-乙酰胞壁酰-L-丙氨酸酰胺酶。这类酶能够水解细菌细胞壁中的酰胺键。它们在细菌细胞壁的代谢过程中发挥作用。③ 肽链内切酶。这一类酶能够水解细菌细胞壁中的肽键。它们参与细菌细胞壁的降解和代谢，对细菌细胞壁的结构具有重要影响。④ 转糖基酶。这类酶是一种糖基转移酶，能够在细菌细胞壁的合成过程中转移糖基，参与细菌细胞壁的合成和修饰。

　　这些内溶素酶根据其作用方式的不同，可以分为水解酶和糖基转移酶两大类。水解酶主要负责细菌细胞壁的降解和代谢，而糖基转移酶则参与细菌细胞壁的合成和修饰过程。这些内溶素酶的活性和调控对细菌细胞壁的结构和功能具有重要影响，对细菌的生长和生存起着关键作用。

二、海洋发光细菌及荧光素酶

海洋发光细菌是一类生物体，它们具有发光能力，可以在海洋中产生荧光。这种发光现象被称为生物发光或生物荧光。海洋发光细菌主要属于细菌门中的异光菌和共生细菌。

海洋发光细菌发光的机制涉及一种特殊的酶，即荧光素酶。荧光素酶是一种催化发光反应的酶，它能够将一种称为荧光素的底物转化为光能，并产生可见的荧光。荧光素酶的作用需要能量底物（如三磷酸腺苷-ATP）、荧光素底物和氧气等。

海洋发光细菌通常在特定的生理条件下，如适当的营养物质和氧气供应下，通过激活荧光素酶来发光。这种发光现象在海洋中具有多种功能，包括捕食、通信、抵抗寄生虫和吸引配偶等。

荧光素酶及其产生的荧光在科研和生物技术领域中也得到广泛应用。荧光素酶可以被用作标记物，将其基因工程地与其他目标分子（如蛋白质、DNA）连接，从而实现对这些目标分子的检测和观察。这种技术被称为荧光素酶报告基因技术，被广泛应用于细胞生物学、分子生物学和遗传工程等研究领域。

（一）食品安全检测

海洋发光细菌和荧光素酶在食品中有害微生物检测方面的应用是一种快速、灵敏和可靠的方法，有助于确保食品的安全性和卫生质量。

1. 微生物污染检测

食品中的细菌、霉菌和寄生虫等微生物污染可能会导致食品中毒和食品腐败等问题。利用海洋发光细菌和荧光素酶，可以开发出针对特定微生物的检测方法。这些微生物通常会释放出某些特定的代谢产物或酶，如蛋白酶、脂肪酶等，这些代谢产物或酶可以与荧光素酶反应产生发光信号，从而实现微生物的快速检测和定量分析。

2. 快速检测方法

与传统的微生物检测方法相比，利用海洋发光细菌和荧光素酶的方法具有快速性。这些方法通常能在短时间内提供结果，使生产线上的实时监测和迅速采取控制措施成为可能。通过使用高灵敏度的仪器，可以实现对微生物污染的早期检测，防止污染物扩散和食品安全问题的发生。

3. 灵敏度和特异性

海洋发光细菌和荧光素酶检测方法具有高灵敏度和特异性。荧光素酶作为催化剂可以增强信号的强度，使微生物污染的检测更加敏感。同时，这个方法还具有良好的特异性，能够区分不同种类的微生物，并对目标微生物的特定代谢产物或酶进行检测。

4. 自动化和高通量检测

利用海洋发光细菌和荧光素酶的检测方法可以与自动化设备和高通量平台结合使用，实现对大批量食品样品的快速检测。这个方法可以高效地处理大量样品，提高检测效率，并减少人工操作的误差。

（二）食品质量控制

海洋发光细菌和荧光素酶检测方法在食品质量控制中也发挥着重要作用。例如，荧光素酶可以用于检测食品中的氧含量，从而判断食品的新鲜度和保存状态。此外，荧光素酶还可用于检测食品中的酸碱度、糖含量和蛋白质含量等重要指标。

1. 氧含量检测

荧光素酶可以用作氧气指示剂，通过测量其发光强度来评估食品中的氧含量。因为氧气可以影响荧光素酶的发光反应，所以通过监测其发光强度的变化，可以判断食品的新鲜度和氧气暴露程度。这在肉类、水产品和包装食品等领域中特别有用。

2. pH 检测

荧光素酶还可以用于测量食品中的酸碱度（pH）。与荧光素酶配对的荧光素底物，可以在不同 pH 条件下产生特定的荧光信号。通过测量荧光信号的强度，可以确定食品的酸碱度，并评估其品质和稳定性。

3. 糖含量检测

荧光素酶可以与特定的糖类底物结合，产生荧光信号。通过测量荧光信号的强度，可以定量检测食品中的糖含量，如葡萄糖、乳糖等。这对于食品加工和糖分控制具有重要意义。

4. 蛋白质含量检测

荧光素酶也可以用于测量食品中的蛋白质含量。与荧光素酶结合的蛋白质底物，可以在特定条件下产生荧光信号。测量荧光信号的强度可以用来定量分析食品中的蛋白质含量，这对于食品质量控制和标签说明非常重要。

（三）食品添加剂

荧光素酶在食品添加剂中被广泛应用。荧光素酶可以作为一种荧光标记物，添加到食品中用于美化和增强食品的色彩效果。例如，在某些果汁、冰淇淋和糖果中添加荧光素酶可以产生闪亮的荧光效果，增加产品的吸引力。

1. 添加荧光色素

荧光素酶可以用作荧光色素的添加剂，赋予食品鲜艳的荧光色彩。通过将荧光素酶与特定的荧光素底物结合，可以在食品中产生明亮、夺目的荧光效果。这种荧光色素的添加可以使食品更加吸引人，提高消费者的兴趣。

2. 开发创新产品

荧光素酶的荧光特性可以用于创新产品的开发。例如，在饮料、甜点和糖果中添加荧光素酶，可以产生独特的发光效果，为产品增添趣味和创意。这种创新产品的开发可以吸引年轻消费者和追求个性化体验的人群。

3. 活动和特殊场合

荧光素酶可以用于特殊活动和场合的食品中。例如，在夜间活动、派对或节庆活动中，通过添加荧光素酶，可以制作出发光的食品，增加氛围和乐趣。这种用途在娱乐业、餐饮业和活动策划中具有潜力。

需要注意的是，在使用荧光素酶作为食品添加剂时，必须确保其安全性和合规性。遵循相关的食品安全法规和标准，确保添加剂的使用量和方法符合规定，不会对人体健康产生不良影响。同时，食品添加剂的信息透明度和明示标示也是消费者考虑的重要因素，以便消费者可以做出知情决策。

第六章
食用菌资源应用

食用菌作为珍贵的食品和药材资源，在现代社会中扮演着重要的角色。为了满足日益增长的需求，食用菌的栽培技术得到了广泛研究和应用。本章将介绍食用菌及其生产管理、木腐型食用菌栽培、其他食用菌栽培以及农业微生物的产业发展。

第一节　食用菌及其生产管理

一、食用菌的内涵阐释

食用菌是指一切可被人类食用的真菌，这包括了大型和小型的食用真菌。在广义上，食用菌可以分为肉眼可见的大型食用真菌以及肉眼难以辨认的小型食用真菌。在狭义上，食用菌专指那些供人类食用的大型真菌，其中包括了肉质和胶质的子实体或菌核类组织。

了解食用菌的分类，大多数已知的食用菌，约占真菌界90%的食用菌属于担子菌门，而约有10%的食用菌则属于子囊菌门。担子菌门中的食用菌通常以它们的菌褶和菌褶间的担子来进行孢子的生产。这类食用菌包括许多人们熟悉的品种，如蘑菇和牛肝菌等。而子囊菌门中的食用菌则以它们的子实体中的子囊盘来产生孢子，如黑松露等食用菌种类。

食用菌不仅是美味的食材，而且在许多文化中也被视为一种珍贵的营养来源和药用资源。人类历史上对食用菌的利用可以追溯到古代，如在东亚和欧洲等地区，食用菌早已被纳入日常饮食和药膳之中。随着对食品多样性和营养价值的不断探索，食用菌的种类和用途也在不断扩展。

二、食用菌的分类地位

野生食用菌资源的科学研究离不开分类鉴定，该过程涵盖了采集、驯化、育种和栽培等多个方面。在早期，分类主要依据物种的形态学和生态学特征，并按照相似程度划分为七个分类等级，包括界、门、纲、目、科、属和种。为了更加规范地命名物种，林奈创立了双名法。根据这一法则，每个物种都由两个拉丁文词组成，第一个是属名，第二个是种名，后面还带有命名人的姓名缩写。通过这种方式，科学家们能够更加精确地标识和描述不同的物种。

截至目前，已知的物种数量为 200 多万个。其中，真菌约有 25 万种，大型真菌有 1 万多种，而食用菌有 2 000 多种（其中在中国发现的约有 980 种）。而这些食用菌中，大约 90%属于担子菌门，剩下的 10%则属于子囊菌门。

三、食用菌的重要价值

食用菌是地球上的奇妙生物之一，色彩丰富、形态各异、口感鲜爽，风味独特。它们不仅是人类餐桌上的美味佳肴，还是理想的功能食品，被誉为"可食可补可药"。长久以来，食用菌被赞誉为"山珍""长寿食品"和"绿色食品"，具有重要的食用价值和生态价值。

（一）食用菌的食用价值

食用菌作为人类的第三大食物来源，在营养价值方面拥有显著优势，被认为是最具潜力的健康食品之一。它是"三低一高"食品的典型代表，即低脂肪、低糖、低盐、高蛋白质。

食用菌的蛋白质含量丰富，被誉为"植物肉"，其含量介于肉类和蔬菜之间。这使食用菌成为潜在解决世界粮食不足问题的可能之一。在不少地区，特别是发展中国家，由于资源有限，人们对高蛋白质食品的需求日益增长。食用菌的蛋白质含量和品质能够为人们提供可靠的营养来源，填补蛋白质摄入的缺口。

食用菌的脂肪含量低于 10%，而且大部分是对人体有益的不饱和脂肪酸，尤其是人体必需的脂肪酸。这使食用菌成为心脏健康和血液循环的保障。

相比之下，许多动物性食物和加工食品中的饱和脂肪酸可能会增加患心脏疾病和其他慢性病的风险。食用菌作为替代选择，有助于人们保持健康的脂肪摄入。

食用菌富含糖类，但在维生素 B 的配合下，这些糖类会转化为人体所需的能量，而很少转化成脂肪。这为追求身体健康的人们提供了更多的选择。特别是对于那些注重控制体重和血糖管理的人，食用菌是一种理想的食品。

食用菌富含矿物质，尤其是钾元素。钾在维持体内钠和钾的平衡方面起着重要作用。现代饮食往往摄入过多的钠，而缺乏钾的摄入。食用菌作为一种含钾丰富的食物，可以帮助人们调整饮食结构，达到平衡摄入的目标，尤其适合作为低盐食品。

除了上述几种重要的营养成分，食用菌还含有核酸、膳食纤维、风味物质等成分。核酸是细胞生物学中重要的化合物，具有促进细胞代谢和修复功能。膳食纤维有助于肠道健康和消化，对预防便秘和炎症性肠病等疾病有益。风味物质则使食用菌拥有独特的风味，使其成为美食界备受欢迎的食材。

（二）食用菌的生态价值

在自然界的生态系统中，存在着一个复杂而协调的物质与能量循环过程。植物作为生产者，利用太阳能、二氧化碳和水等，通过光合作用制造有机物质。这些有机物质不仅为人类和其他动物提供食物和能量，同时也为食用菌提供了重要的原料。食用菌在这一生态系统中充当着微生物代表的角色，它们不仅是分解者，将人类残体和其他动物、植物分解成小分子物质，还是生产者，将这些小分子物质转化为新的有机物质。

人类和其他动物通过食用植物和食用菌，将植物制造的有机物质转化为自身所需的物质。这个过程通过新陈代谢进行，最终产生的废物以粪便的形式排出体外。这些粪便经过发酵，成为植物和食用菌的养分，从而完成了物质的循环。

食用菌在整个生态系统的物质与能量循环过程中扮演着重要的角色。它们以人类的残体和其他动物、植物为原料，通过产生胞外酶的方式，将难降解的大分子物质分解为小分子。其中一部分小分子物质被用来供给植物，帮助改良土壤结构，促进植物生长。而另一部分小分子物质则成为食品，为人类和其他动物提供营养。

四、食用菌的生物学特性

（一）食用菌的形态结构

食用菌是一类形态多样的真菌，其生命周期包括两个关键阶段：菌丝体和子实体。

1. 菌丝体

在适宜的环境条件下，食用菌的孢子会开始发芽，形成细长的菌丝体。菌丝体的前端持续生长并分支，逐渐形成呈白色的管状结构。菌丝体内部由横膈膜分隔成多个细胞，每个细胞中细胞核的数目也不尽相同。菌丝体在食用菌中扮演着营养器官的角色，类似于植物的根、茎、叶。它具有降解、吸收、运输和贮藏基质营养的功能。

2. 子实体

子实体是一种特殊的菌丝体组织。子实体不仅是食用菌的有性繁殖器官，也是人们食用的部分。这些子实体通常生长在培养料、土壤表面、朽木、腐殖质等基质上，有些甚至生长在地下土壤中。子实体的形状十分多样，包括伞状、耳状、头状、喇叭状、笔状、舌状等，其中以伞状最为常见。子实体由菌盖、菌柄、菌托、菌环等部分构成。

（二）食用菌的生长发育

食用菌的生长发育受到内外因素的调节和影响。内部因素主要由其遗传特性决定，而外部因素则包括营养和环境条件等方面。其中，外部因素的适宜性对于保证食用菌的正常生长至关重要。作为一种异养型生物，食用菌无法自主合成所需的营养物质，因此它们需要依赖外部的基质来摄取必要的营养。碳源、氮源以及各种无机盐等营养物质的摄取对于食用菌的生长至关重要。通常情况下，食用菌需要通过降解生物大分子来获取所需的碳和氮元素。碳氮素的降解过程会将大分子分解为小分子，以供食用菌利用。此外，食用菌还能通过化合物的吸收和利用来获取所需的无机元素。

1. 食用菌碳源

食用菌是一类营养丰富的食物，它们需要碳源来构建细胞结构和获取能量。食用菌可以直接利用单糖、双糖、甘油、醇等小分子碳源，这些碳源可以被迅速转化为细胞所需的物质和能量。然而，对于纤维素、半纤维素、木质素、淀粉等大分子碳源，食用菌必须先通过胞外酶的作用将其降解成小分子，才能被有效利用。

不同种类的食用菌对复合碳源的利用率会有所不同。这取决于它们胞外降解酶的种类和活性水平。一些食用菌拥有高效的胞外降解酶系统，可以迅速将复杂的碳源分解成可利用的小分子。而其他一些食用菌可能在这方面表现较差，需要更长的时间来转化大分子碳源。

2. 食用菌氮源

食用菌在生长过程中需要合适的氮源来提供足够的氮素。氮源是指能够为食用菌提供氮素的物质总称，它们为合成核酸、蛋白质和酶提供所需的原料。食用菌可以利用两种类型的氮源，有机氮源和无机氮源。有机氮源包括酵母膏、蛋白胨等，而无机氮源包括铵盐、硝酸盐等。然而，当无机氮是唯一的氮源时，食用菌合成氨基酸的能力相对较弱，其生长速度也会变慢。食用菌可以直接利用小分子氮源，如氨基酸和尿素，但对于大分子氮源，如豆饼、米糠、粪肥、稻糠、玉米粉和豆粕等，它们需要在胞外酶的作用下被降解为小分子氮源后才能被食用菌利用。

3. 食用菌无机盐

无机盐是一种重要的无机化合物，也被称为矿物质。在细胞中，无机盐扮演着多种关键角色。无机盐参与了细胞成分的构成，为细胞提供了必要的结构基础。无机盐还能够组成酶，并维持它们的正常功能。酶是许多生化反应的催化剂，无机盐的存在可以保证这些反应能够顺利进行。此外，无机盐还能够调节细胞的渗透压，确保细胞内外环境的平衡。而且，它们还能够控制原生质胶态，使细胞中的物质能够有效地运输。无机盐也是许多细胞内生化反应的活化剂，它们能够促进这些反应的进行。一些大量需要的元素，比如磷、镁、钙和硫，通常通过添加磷酸二氢钾、硫酸镁、石膏粉（硫酸钙）等来满足需求。而微量元素，如铜、铁、锰等的需求量较少，一般可以从栽培原料中获取，无需另外补充。

五、食用菌的发展与标准化生产

（一）食用菌的产业发展

中国是食用菌栽培的起源地，驯化了许多种食用菌，其中蒙古口蘑是最新驯化的品种。此外，中国也有丰富的野生食用菌资源，如牛肝菌、羊肚菌、香杏丽蘑等，可以大量采集，供应国内外市场。

中国是世界上食用菌的生产大国，食用菌产业发展迅速，已成为高效生态农业产业。尤其在中国东部和南部临海的温带和亚热带地区，气候条件非常适合食用菌的生长发育。这些地区的湿润气候、适宜的温度和丰富的有机物质为食用菌的生产提供了理想的条件。

食用菌因其独特的口感、丰富的营养价值和药用效果而成为绿色食品的代表之一。它们不仅富含蛋白质、维生素和微量元素，还具有降低胆固醇、增强免疫力等功效。由于人们健康意识的提高和对天然、绿色食品的需求增加，食用菌的市场前景广阔。

食用菌产业也面临着机遇与挑战并存的局面：一方面，随着人们对健康食品的追求，食用菌的需求不断增加，市场潜力巨大；另一方面，食用菌的生产技术和品质控制等方面仍需要进一步提高，以满足市场不断变化的需求。

1. 食用菌的产业发展优势

中国拥有广阔的土地、丰富的野生食用菌资源，以及丰富的农林副产品和劳动力，这为发展食用菌产业提供了独特的优势。随着中国经济的快速发展和人民收入的增加，食用菌的消费地位也将逐渐提升。为了实现食用菌产业的可持续发展，优化资源配置是关键所在。食用菌产业具有占地少、用水少、投资小、见效快、效率高等特点，这些优势使其成为一个理想的投资选择。与此同时，食用菌种植也符合生态良性循环的原则，能够为社会和环境带来经济、生态和社会效益。

在中国，食用菌种植已成为一项具有国际竞争力的特色农业产业。它在农业产业结构调整、农民收入增加和地方经济发展中扮演着重要角色。此外，食用菌产业也在中国的"一带一路"倡议中具有重要意义，可以为相关国家和地区提供高品质的食用菌产品，促进国际贸易和合作。

2. 食用菌的产业发展趋势

食用菌产业正日益满足人们对健康食品的需求，其中有机栽培方式成为重要的发展方向。随着人们对自然环境的关注和对有机食品的偏好，越来越多的人开始在林下进行食用菌的种植。林下种植不仅减少了对化学物质的依赖，还能充分利用自然生态系统，使食用菌的生长更加安全、环保。这一新兴趋势为食用菌产业带来了新的发展机遇。

与此同时，为了丰富食用菌的品种，推广新种类、新品种和新技术已成为食用菌产业的重要议题。科研机构和企业在菌种选育、培养技术以及人工栽培等方面不断努力，不断引进新种类和新品种，丰富了市场上的菌种资源。同时，借助先进的技术手段，如基因工程和组织培养等，不断研发新技术，提升菌种的产量和质量，满足市场需求。这种持续的创新和推广，为食用菌产业的发展注入了新的活力。

在食用菌产业中，产品多元化也成为一个重要的发展方向。除了传统的鲜菇和干菇，食用菌的精深加工也取得了显著的进展。利用先进的技术和设备，食用菌可以被加工成各种各样的产品，如食用菌干片、食用菌粉末、食用菌汁等。这些产品不仅可以延长食用菌的储存期限，提高商品的附加值，还可以满足消费者对方便食品和营养保健品的需求。通过精深加工，食用菌产业得以进一步扩大市场份额，提高产品附加值，实现更加可持续的发展。

（二）食用菌的标准化生产

第一，强化源头管理，净化产地环境。加强对食用菌产地环境的监测，以确保及时发现和解决潜在的污染问题。特别是对污水、废水的处理，严禁使用未经处理的污水、废水，以免对产地环境造成污染。同时，强化供水水质管理，确保供应的水质符合相关标准，不对食用菌生产造成负面影响。推广应用臭氧灭菌剂、紫外线等物理方法进行消毒、灭菌、杀虫，以减少对环境的化学污染。这些物理方法不仅高效，而且对环境友好，有助于保护自然生态系统。

第二，严格投入品的管理。加强限用、禁用农药等投入品的管理，并严格执行农药等投入品禁用、限用目录。推广环保型农资投入品，推进先进的病虫害综合防治技术，从源头上减少对环境的影响。同时，开发高效、低毒、低残留的农药投入品，逐步淘汰高毒、高残留品种，以确保食用菌产品的安全。对使用国家禁止的农资投入品的行为采取零容忍态度，坚决查处，并对违规者进行严厉惩罚，以保障食用菌产品的质量和消费者的健康。

六、食用菌的制种技术

（一）制种条件

制种是食用菌生产的重要环节之一，其制种条件主要包括制种场地、仪器设备和消毒灭菌的药品等。

1. 制种场地

制种场地应包括配料室、灭菌室、接种室、菌种培养室、销售室以及库房等功能区域。配料室用于精确称取配料,灭菌室用于将工具和器材消毒,接种室是进行菌种接种的地方,菌种培养室则用于菌丝生长培养,销售室则负责销售制种的成品,而库房则储存各类原料和成品。

2. 制种设备

常见的制种设备包括拌料、装料和封口设备,灭菌设备,接种设备和培养设备。拌料设备用于混合原料,装料和封口设备则用于包装制种成品,灭菌设备用于将器具和培养基消毒,接种设备用于菌种接种操作,培养设备则用来维持适宜的培养条件。

3. 制种用具

常用的制种用具包括酒精灯、天平、地泵、电炉或煤炉、水桶、盆、小锅、镊子、接种钩、接种铲、试管、菌种瓶、菌种袋、漏斗、温度计、湿度计、量筒、磨口瓶、塑料绳、报纸以及 pH 试纸等。这些工具在制种的不同阶段发挥着重要作用,确保制种过程的顺利进行。

4. 制种消毒与灭菌

消毒和灭菌是制种过程中必不可少的环节,直接关系到制种的成功率和品质。消毒是指杀死物体表面和环境中的部分微生物的过程,而灭菌则是指彻底杀死物体表面和内部所有微生物的过程。采取适当的消毒和灭菌措施是保证制种和栽培成功的关键环节。

(1)消毒方法。在食用菌生产中,常用的消毒方法主要有物理消毒法和化学消毒法两种。物理消毒法包括高温蒸汽灭菌、紫外线辐照和电热消毒等,而化学消毒法则利用消毒剂进行杀菌。不同的消毒方法适用于不同的器具和设备,选择合适的消毒方式是制种过程中必要的技术决策。

(2)灭菌方法。常用的灭菌方法包括湿热灭菌法和干热灭菌法。湿热灭菌法利用高温高压蒸汽进行灭菌,适用于灭菌菌种培养基、栽培料和接种用具等。而干热灭菌法则是利用高温烘烤的方式进行灭菌,特别适用于一些热敏性的器具。

(二)母种的制作技术

母种是指通过组织分离或孢子分离而得到的最初菌种。由菌种分离获得的原始母种数量有限,需进行扩大繁殖,才能满足生产需要。

1. 母种培养基的制备

食用菌的繁衍生长必须依赖于培养基，它提供食用菌所需的各种营养成分，通过天然物质或化学试剂按特定比例调配而成。在不同阶段，如母种、原种、栽培种的制备过程中，使用的培养基也有所不同。

（1）母种培养基配方。在菌学研究中，不同食用菌的母种分离、培养和保藏至关重要。为此，研究人员设计了多种不同配方的培养基，以满足不同菌种的需求，并促进菌丝体的茁壮生长。以下是一些常用的母种培养基配方：

马铃薯葡萄糖琼脂培养基（PDA）。该培养基包含马铃薯、葡萄糖和琼脂，可添加磷酸二氢钾、硫酸镁和维生素 B_1 等营养物质。PDA 培养基适用于许多菌种的母种分离和培养。

马铃薯棉籽壳综合培养基。这种培养基以马铃薯和棉籽壳为基础，添加麸皮、葡萄糖、琼脂和蛋白胨等成分。它适用于某些对特定营养物质有较高要求的菌种。

马铃薯木屑综合培养基。该培养基含有马铃薯、木屑、蔗糖和麦芽糖等成分，适用于一些对特定碳源有偏好的食用菌。

玉米粉蔗糖培养基。以玉米粉和蔗糖为主要成分，是一种简单的培养基，适用于某些不太苛求营养的菌种。

小麦琼脂培养基。该培养基以小麦粒为基础，适用于小麦类食用菌的母种分离和培养。

堆肥浸汁培养基。使用堆肥和葡萄糖作为主要成分，适合一些野生食用菌的母种分离和培养。

稻草浸汁培养基。以稻草为基础，添加蔗糖、硫酸铵和琼脂等成分，为特定菌种的母种提供了适宜的生长环境。

（2）母种培养基制作。

第一，选定配方。根据实验需求，选择合适的配方，并仔细计算和称取所需物质。对于半合成培养基，以马铃薯葡萄糖琼脂培养基为例，需要将马铃薯削皮、切成薄片，然后煮沸 30 分钟。接着，将煮沸后的马铃薯液进行过滤，去除杂质。

第二，配制方法要严格遵循一定的步骤。在过滤后的马铃薯液中加入葡萄糖和琼脂，充分搅拌直至溶解，最后补水定容。接着，将配制好的培养基分装到玻璃试管中，并塞上棉塞密封，确保制备过程的卫生和耐用性。

第三，培养基灭菌，这是为了杀死其中可能存在的微生物，避免在实验中引入不必要的污染。采用高压蒸汽灭菌的方法，设置压力为 1.1～1.2 kg/cm^2，持续灭菌 30 分钟，确保培养基彻底无菌。

第四，在灭菌完成后，需要打开放气阀，排出残留的蒸汽，并取出试管。趁热时，将试管摆斜面，使培养基逐渐凝固。当温度降至 30 ℃以下时，母种培养基即可开始使用。

制备母种培养基需要经过选定配方、配制方法严格遵循步骤进行、培养基灭菌和摆斜面等关键步骤。同时，使用不锈钢锅、铝锅或搪瓷缸作为浸煮容器，可以保证制备过程的卫生和耐用性。

2. 组织分离

组织分离是一种简单易行的方法，可用于获取纯双核菌丝体的无性繁殖。主要有以下三种方法：

（1）子实体组织分离法。这种方法通过从食用菌子实体中切取组织，并进行分离培养，从而获得母种。子实体是指食用菌的可见部分，例如蘑菇的菌盖和菌柄等。通过将子实体切取并进行培养，可以得到纯净的菌丝体。

（2）菌核菌索组织分离法。某些食用菌会形成块状或绳索状的菌核或菌索，这些结构中含有菌丝。通过切取这些菌核或菌索的组织，并进行分离培养，也可以获得纯种母菌。

（3）基内菌丝分离法。对于一些不容易进行子实体组织分离的食用菌种类，可以直接从培养基中挑选生长健壮的菌丝。然后，这些菌丝可以接种于母种培养基中进行培养，最终获得纯净的双核菌丝体。

3. 孢子分离

在食用菌的生命周期中，孢子扮演着重要的角色，作为其有性繁殖单位。这些微小的孢子具备自动弹射的能力，从菌体中飞出，寻求适宜的生长环境。为了获得纯净的菌种，人们采用孢子分离法，确保在无菌条件下，将食用菌产生的孢子萌发在适当的培养基上。孢子分离法的一个重要优势在于，这是一个有性繁殖过程，导致后代菌株的变异性较大。这意味着我们有机会选择优良的菌株，从而有效地进行选育新菌种和杂交育种。这是食用菌培育的一条有效途径，有助于改良和优化菌种。

通过孢子分离法获得的纯菌种并不能直接用于生产。在进一步应用于食用菌生产前，这些菌种还需要进行筛选、培育和验证过程。只有在这些步骤完成后，菌种才能达到稳定、可靠的状态，以满足食用菌产业的需求。

（1）孢子的采集。在进行食用菇类的孢子采集工作时，需要先选择适宜的出菇期，早熟健壮、特征典型的第一、二潮优良个体作为种菇。在选择过程中，必须清除菇体表面的杂物，并切去多余菌柄，留下 1.5~2.0 cm 的部分备用。

孢子的采集方法多样，根据不同的食用菇类，可以采用不同的技术，具体如下：

对于伞菌类的孢子采集，可以采用整菇插种法。这种方法将整个菇体插入采集培养基中，以收集孢子。

对于没有菌柄的食用菌类，如银耳、木耳等，可以采用三角瓶钩悬法。这种方法利用特殊的三角瓶和钩子，将孢子采集装置悬挂在菇体上，使孢子能够自然落入培养基中。

贴附法适用于在无菌条件下将成熟处理过的菌褶或耳片黏贴在培养基上收集孢子。这种方法可以确保孢子的无菌性。

除了上述方法，还有其他孢子采集方法，例如印模法、菌褶涂抹法和孢子印采集法等，根据实际情况选择合适的采集方式。

（2）多孢分离法。多孢分离法是一种常用的获取纯菌种的方法。这个方法通过将多个孢子接种在同一培养基上，使它们在培养基上萌发并自由交配。这样的做法有助于保持亲本的稳定性，尤其适用于食用菌的制种，并且相对来说比较简单易行。

在多孢分离法中，有两种常用的方法：斜面划线法和涂布分离法。在斜面划线法中，需要进行无菌操作，使用接种环来采集孢子，并将它们划线于斜面培养基上，然后等待孢子在培养基上萌发，形成纯菌种。同样地，在涂布分离法中也需要无菌操作，将采集到的孢子悬浮液涂布于培养基上，然后经过培养，也能够得到纯菌种。

多孢分离法的优势在于它不仅简单易行，而且能够维持亲本菌种的稳定性。为了保持纯种特性，一旦获得了纯菌种，可以通过制备三级菌种和出菇试验的方式，选择优良个体进行组织分离。这样的留种操作有助于确保菌种的纯洁性和优良特性。

（3）单孢分离法。单孢分离法是一种常用于杂交育种和其他研究的方法，用于获得纯菌种。这种方法通过将菌丝体中的孢子分离出来，从而获得单个菌落。常用的单孢分离方法包括稀释分离法、毛细管法和平板划线分离法。

稀释分离法。稀释分离法要求将孢子逐级稀释，最终稀释到每毫升 300~

500 个孢子。然后，将这些孢子在培养基上均匀地分散开来，形成单个孢子菌落。这种方法能够有效地避免不同菌株之间的混杂，保证获得纯菌种。

毛细管法。毛细管法使用玻璃毛细滴管滴一小滴孢子悬浮液在培养基上，实现单孢分离。这种方法操作简便，对实验设备的要求相对较低，因此在实验室中被广泛使用。

平板划线分离法。平板划线分离法通过在含有孢子的培养基表面划线，从而获得可能的单孢菌落。这些划线导致孢子在培养基上分离并生长为单独的菌落。虽然这种方法相对简单，但也可能导致一些不同菌株之间的混杂。

单孢分离方法的选择取决于具体的研究目的和实验条件。不同的方法可能适用于不同的食用菌种类。

同宗结合的食用菌种类可直接获得新菌株，因为它们属于相同的菌种，但异宗结合的食用菌种类则需要进行更复杂的操作。异宗结合指的是来自不同基因型的菌株之间的结合。为了获得合适的生产用种，需要进行进一步的人工杂交和选取优良组合。这样可以确保新菌株具有优良的特性，并适应特定的生产环境和要求。

4. 母种的转接

母种的转接扩大是因为原始母种数量有限，无法满足生产需求。由于原始母种的数量有限，为了满足日益增长的生产需求，需要进行转接扩大操作。转接扩大是一种有效的繁殖手段，通过逐步将原始母种转移到更大的容器中，可以得到更多的继代母种。

原始母种允许进行转接 3～4 次，称为继代母种，用于繁殖原种和栽培种。在进行转接扩大的过程中，每次转接称为继代，一般允许进行 3 到 4 次继代，得到的母种称为继代母种。继代母种具有稳定的遗传特性和较高的生长能力，适合用于繁殖原种和栽培种。

母种接种前需要进行场地消毒，并在无菌条件下进行接种操作。为确保母种的纯度和无菌状态，接种前需要进行彻底的场地消毒。接种操作必须在严格的无菌条件下进行，以避免任何外部污染。

接种前要检查母种试管是否被污染，并进行消毒。在接种前，必须对母种试管进行仔细检查，确保没有任何污染或异常现象。如果发现污染，必须进行彻底的消毒处理，以防止病原微生物的传播。

接种时需要用灯焰消毒工具和试管口，将母种横切成若干份，然后将每份放入新的试管中。接种操作必须在严格的无菌环境中进行。使用灯焰等消毒工具对操作区域和试管口进行消毒。母种横切成若干份后，将每份放入新的试管中，这样可以增加母种的数量并方便后续培养操作。

母种培养需要遵循特定的培养条件和检查方法，一般 10 天左右可长满培养基，然后可进一步扩繁或冷藏备用。在接种后，母种需要在特定的培养条件下进行培养，包括适宜的温度、光照和培养基成分。一般经过 10 天左右的培养，母种会长满培养基。此时，可以进行进一步的扩繁操作，也可以将母种进行冷藏备用，以便后续使用。

（三）原种的制作技术

原种由母种扩大繁殖而成，可用于制作栽培种，也可直接用于接种栽培袋。

1. 原种培养基的制备

原种培养基是食用菌研究和培育的基础，其配方至关重要。该培养基的主料采用天然物质，如棉籽壳、木屑、谷粒和粪草，辅以麸皮、玉米粉、白糖和石膏等辅料。不同种类的食用菌需要适宜的培养基配方。例如，木质素分解能力强的食用菌，如香菇和木耳，通常使用木屑作为主要成分；而纤维素分解能力强的食用菌则更适合采用棉籽壳为主料；而草腐型食用菌则宜使用粪草料作为主要培养基。

制作原种培养基时，选择合适的容器至关重要。通常可以选择 750 mL 左右的罐头瓶或专用塑料菌种瓶。专用菌种瓶需要采用无棉塑料盖或棉塞封口，以满足滤菌和透气要求，从而确保菌种的健康生长。而罐头瓶的封口则需采用两层报纸和一层聚丙烯塑料膜，以保持培养基的纯净度，避免外界杂质的污染。

2. 原种的接种

（1）原种接种场地消毒。在进行原种接种前，必须仔细进行场地消毒，确保接种箱、接种室或超净工作台的卫生。对灭菌后的原种培养基和接种用具进行消毒处理，以保持无菌状态。

（2）原种接种过程。将母种试管外壁消毒，以确保试管表面没有任何污染。然后，点燃酒精灯，对试管外壁进行再次消毒，以杀灭潜在的细菌。在处理试管时，将试管口在火焰上灼烧，以确保试管口也是无菌的。用灭菌的接种钩将母种切成 4～6 份，并将这些母种快速固定在接种架上。在接种的整个过程中，确保试管口保持在酒精灯火焰的无菌区内，以防止细菌的污染。

一旦母种被固定在接种架上,迅速用接种钩将母种放入预先准备好的培养基中,并迅速封好试管口,确保培养基也能保持无菌状态。

对于罐头瓶容器,要特别注意减少瓶口的裸露面,以避免细菌进入容器。为了提高接种效率和减少污染的风险,两人合作进行接种。一人负责掀开封口膜,另一人负责进行接种操作。这样的配合可以确保接种过程的顺利进行。

每支母种可以扩接原种 4～6 瓶,这样可以大幅增加原种的产量和供应量,以满足更多接种需求。

3. 原种的培养

在培养食用菌的过程中,原种的数量通常较大,并在培养室中得到培育,条件与母种相同。为确保质量,定期检查杂菌情况十分重要,每 5～7 天检查一次。一旦发现污染现象,立即淘汰并隔离污染源,以免影响整个培养过程。

食用菌菌丝的生长速度因类型而异,在适温下,大多数菌丝约 40 天便可长满瓶,而谷粒菌种只需约 20 天。一旦菌丝生长完整,还需再培养 3～5天,使其充分积累营养,从而使菌丝更白、更浓密。

精心培养的原种应该尽快使用,以保持最佳品质。同时,如果暂时不需要使用,可以将其短期保存在低温、干燥、避光的贮藏室内,以延长其保存期限。

(四)栽培种的制作技术

栽培种是指将原始微生物种转移到相似或相同的培养基上,进行扩大培养,直接应用于生产。由于栽培种在生产中用量较大且不易长期保存,因此制种的时间和数量必须根据生产季节和规模计划来合理安排。

1. 栽培种培养基的制备

(1)栽培种培养基配方。在菌类栽培中,栽培种培养基的配方可以与原种培养基完全相同,也可以适当调整主料和辅料用量。一种有效的方法是采用枝条菌种(如木钉菌种),这些菌种具有强大的分解木质素能力,适用于培养木腐菌,如香菇、木耳、杏鲍菇、白灵菇和平菇等。

相较于其他接种方法,枝条菌种有着显著的优点:① 接种时,菌种不易受损伤,从而保证菌丝的快速生长;② 由于污染率低且接种方便,操作效率大幅提高,同时扩繁指数也较高,有助于快速扩展种植规模;③ 采用枝条菌种能够显著缩短发菌时间，从而更快地实现产量。鉴于这些优势，枝条菌种在菌类栽培中展现出广阔的推广应用前景，有望为菌农带来更好的种植体验和丰收。

（2）栽培种培养基制作。制作栽培种培养基时，可以采用与原种相同的容器。由于栽培种数量庞大，目前在生产上通常选择使用塑料袋作为栽培容器。常用的菌种袋规格为折径 15～17 cm，长度 32～40 cm 的高压聚丙烯塑料袋或低压聚乙烯塑料袋。较短的塑料袋一端开口，每袋装干料量为 250～300 g；而较长的塑料袋则两端开口，每袋可装干料约 500 g。

第一，枝条培养基的制作方法。枝条培养基是一种用于食用菌种植的重要基质，其制作方法因食用菌种类和栽培方式的不同而有所异。在制备枝条培养基时，需要选用木纹直且质地疏松的阔叶树作为枝条材料，或者也可以使用一次性筷子和冰糕棍进行枝条菌种的生产。不同种类的食用菌需要选用不同类型的枝条，通常这些枝条的长度为 2～18 cm，直径为 3～10 mm。

为了确保培养基的水分含量适宜，制种前需要对枝条进行浸泡复水。通常，可以使用清水或石灰水处理枝条，以使其含水量保持在 52%～55%。同时，还需要准备辅料，其含水量应在 60%～65%范围内，以便用于填充枝条间隙并补充营养。将处理好的枝条与辅料混合均匀，使枝条沾有辅料，从而形成完整的培养基。在装袋（或装瓶）和封口时，需要注意适宜的松紧度，以便菌丝能够在培养基中良好生长。

灭菌制种可以采用高压蒸汽灭菌或常压蒸汽灭菌的方法。灭菌时间通常需要 8～10 小时，以确保将培养基中的有害微生物彻底消除，为食用菌的生长提供良好的条件。

第二，其他培养基的制作方法。为了培养不同食用菌种类，以及充分利用当地资源，培养基配方需要仔细选择和称取各种物质。这些物质的选择对培养菌种的生长和繁殖至关重要。

在制作其他培养基时，原料的处理和配制方式参照"原种培养基的制作方法"。这确保了培养基的纯净性和适用性。与制作原种培养基相类似，制作其他培养基时也需要对容器进行装袋（或装瓶）和封口。使用塑料袋作为容器时，可以手工装料或利用装袋机。装料的过程需要注意松紧适度，使其在袋内上下均匀分布，并确保料面平整。一般情况下，装料时将其装至距离袋口 7～8 cm 处。随后，使用直径约 2 cm 的锥形木棒在料中央打孔直至料底，然后封口，并确保封口牢固。

灭菌是制作培养基过程中不可或缺的步骤，以确保培养基中没有任何细菌或病原微生物。在灭菌方式方面，可以选择高压灭菌或常压灭菌，具体依据实际情况选择适宜的灭菌方式。

2. 栽培种的接种

栽培种的接种过程非常重要，为了保证无菌操作，采用"子实体组织分离法"进行消毒。在接种场地，将栽培种的培养基和接种用具一起放入消毒设备中，以确保场地的洁净。

接种过程开始前，需进行严格的无菌操作。首先将双手消毒，并清洁原种瓶的外壁表面。在将原种带入接种场地后，再次对原种瓶进行消毒。然后，去除封口材料，并用酒精灯火焰封住瓶口，接下来，用酒精棉球对瓶口进行表面消毒。接种匙或大镊子也需要进行表面消毒和火焰灭菌，以确保接种过程的无菌性。

接种的具体方法是去除原种表面的老菌皮或菌膜，然后用大镊子将原种扒成小块，并将其接种于栽培种的培养基上，或者使用接种匙将一小部分原种接种于栽培种的培养基上。接种完成后，将栽培种培养基封口，并进行保温培养，以促进菌丝生长。

对于袋装培养基接种，最好两人配合。其中一人负责解绳、绑绳，另一人负责接种。在接种过程中，需要解决袋内培养基的通气问题，确保菌丝得到充足的氧气。通常情况下，一瓶原种可以扩接大约 50 瓶或 20 袋栽培种，这样可以高效地进行大规模培养。

3. 栽培种的培养

同一种菌类的培养方法和要求与其原种相同。如果培养的菌种量较多，应及时使用，因为它们不易保存，否则可能会老化或产生菇类。对于枝条培养基来说，通透性很重要，通透性较好条件下，菌丝可以快速生长。最好在长满后的 7～10 天，到后熟期后再使用，以获得最佳效果。

（五）液体菌种的制作技术

液体菌种是一种通过液体培养基培养得到的纯双核菌丝体，常呈絮状或球状。不同于传统的级别分别，液体菌种可作为母种、原种或栽培种，为生产工艺带来了简化。它具有许多优势，如生产周期短、菌龄整齐、菌丝繁殖迅速等。在生长过程中，操作者可以根据菌丝体的需要灵活地补充养分和调节酸碱度，以满足菌丝生长的最佳条件。

液体菌种在食用菌工厂化生产中尤为便利，因为它便于机械化接种，有着明显的优势。一旦接种到培养料内，液体菌种展现出良好的流动性，萌发点多，发菌速度迅猛，这进一步提高了工厂化生产效率。但是，液体菌种的生产设备投资较大，对技术要求较高，而且菌种易老化自溶，运输和保藏上不太方便。因此，在实际生产中，液体菌种仅在一些大中型企业中得到应用，对于小型企业来说可能不太实用。

1. 液体培养基配方

液体培养基是一种用于培养食用菌的重要培养介质，其配制原料包括马铃薯、麸皮、玉米面、豆粕、蔗糖、磷酸二氢钾、硫酸镁、维生素、蛋白胨、酵母浸膏等多种成分。这些成分的组合形成了多种常用的配方，适宜不同种类的食用菌制种。

（1）马铃薯、麸皮、红糖、葡萄糖、蛋白胨、磷酸二氢钾、硫酸镁、维生素 B_1 的配方适宜多种食用菌制种。

（2）马铃薯、葡萄糖、蛋白胨、磷酸二氢钾、硫酸镁、氯化钠的配方同样适宜多种食用菌制种。

（3）玉米粉、蔗糖、磷酸二氢钾、硫酸镁的配方适宜平菇、香菇、猴头等多种食用菌制种。

（4）豆饼粉、玉米粉、葡萄糖、酵母粉、碳酸钙、磷酸二氢钾、硫酸镁的配方也适宜多种食用菌制种。

（5）可溶性淀粉、蔗糖、磷酸二氢钾、硫酸镁、酵母膏的配方尤其适宜平菇、香菇、草菇、猴头、木耳等多种食用菌制种，尤其是平菇。

（6）豆粉、蔗糖、磷酸二氢钾、硫酸镁的配方适宜灵芝制种。

（7）麸皮、玉米粉、葡萄糖、麦芽糖、黄豆饼粉、维生素 B_1 的配方适宜香菇制种。

（8）玉米粉、葡萄糖、蛋白胨、酵母粉、磷酸二氢钾、硫酸镁的配方适宜蛹虫草制种。

（9）玉米粉、麸皮、酵母粉、葡萄糖、磷酸二氢钾、硫酸镁、碳酸钙、维生素 B_1 的配方适宜金针菇制种。

2. 液体菌种制作

（1）摇床三角瓶振荡培养法。摇床三角瓶振荡培养法是一种用于培养真菌的有效方法。首先，制备 100～150 mL 的培养基并倒入 500 mL 的三角瓶中，同时加入一些小玻璃珠。然后，用棉塞、纱布或透气封口膜进行封口，并用牛皮纸包扎以保持无菌条件。接下来，将三角瓶放入高压灭菌器中，在 1.1 kg/cm² 压力下灭菌 30 分钟，并冷却至 30 ℃以下。

在无菌条件下接种，将每支斜面母种接种到约 10 瓶三角瓶中。在适温下静止培养 2～3 天，当气生菌丝开始延伸时，进行振荡培养。振荡频率应保持在 80～100 次/分钟，振幅为 6～10 cm，并在适温下振荡培养 72～96 小时。

培养结束时，应该观察培养液的状态。正常情况下，培养液应该呈现清澈透明的状态，悬浮着小菌丝球，并伴有各种菇类特有的香味。如果培养液混浊，很可能是细菌污染引起的。摇瓶菌种适用于固体菌种接种、发酵罐接种，或者转接到其他三角瓶中进行培养。

（2）液体深层发酵培养法。液体深层发酵培养法适用于生产液体菌种。发酵罐是必备设备，其中包括温控系统、供气系统、冷却系统和搅拌系统。为了确保培养成功率，必须保持环境清洁，减少空气中杂菌的数量。

在开始培养之前，需要配制好液体培养基，并在总容量的 70%～75% 范围内加入消泡剂来消除气泡。接下来，将发酵罐放入高压灭菌器中，在 1.1 kg/cm² 压力下灭菌 30～40 分钟，并用夹层水冷却至培养温度。

在火焰圈的保护下，将已经接种在三角瓶中的菌种迅速转移到发酵罐内。然后设定适宜的培养温度，观察并记录温度、压力、气流量等参数。在培养过程中，可以进行无菌操作以采样检查。

液体菌种生产周期通常为 72～96 小时。培养结束时，菌丝球的密度应达到 70%～80%，培养液应该呈现清澈且菌丝球较小均匀的状态。然而，液体菌种老化较快，应尽快使用。如果需要保存，可以在 12～15 ℃下保存 2～3 天，或者在 10 ℃以下保存 3～5 天。

第二节　木腐型食用菌栽培

一、平菇的栽培

"食用菌品种众多，味道鲜美，营养价值丰富，越来越被人们所喜爱，已经成为家庭餐桌上一种必不可少的食材。其中平菇作为一种栽培技术相对简单，农民易于学习和管理的食用菌品种，是我国栽培面积最广和产量最高的一种食用菌。"①平菇属担子菌亚门，层菌纲，伞菌目，侧耳科，侧耳属，也被称为侧耳、北风菌、元菇、平蘑、白香菇、边脚菇等。在生产中，平菇指的是侧耳属的一些种类。平菇是世界上栽培最多的四大食用菌之一，因其肉质肥美、嫩滑，味道鲜美，富含营养，特点是高蛋白、低脂肪，所以被公认为"健康食品"。"平菇营养价值高，富含硒元素和维生素，可提高食用者的免疫力和抗肿瘤能力，具有较高的种植效益。"②

（一）平菇的生物学特性

1. 平菇的形态特征

平菇菌丝外观洁白、密集、粗壮，生长整齐，且具有强大的爬壁能力，不产生色素。尽管一般气生菌丝较少，但紫孢侧耳气生菌丝却很发达。这种菌丝生长速度很快，在培养基上呈现出扇形放射状的生长模式。在显微镜下观察，平菇菌丝粗细不匀，分枝性强，含有双核，并形成锁状联合，其锁状突起呈半圆形，大小各异。

成熟后的平菇子实体由菌盖、菌柄和菌褶三个部分构成，呈覆瓦状排列。菌盖直径为5～21 cm，色泽多样，初期为半球形，随着成熟逐渐变为耳状且总体呈扇形。菌盖肉质肥厚，呈白色，随着衰老，盖缘会反卷并出现龟裂，且较脆嫩易破损。菌褶为白色，呈延生状，长度不等。菌柄侧生，白色，长度为1～5 cm，粗度为1～2 cm，基部常有白色绒毛。

2. 平菇的生长发育条件

（1）平菇生长发育所需的营养。平菇属于木腐菌，其对营养的适应范围非常广泛，主要依靠纤维素、半纤维素、木质素和有机氮等物质作为主要营养来源。除了有机物质，平菇还需要适量的无机盐来维持生长和发育，其中包括大量元素如磷、钾、镁、钙，以及微量元素如铁、锌、锰、硼和硫。

人工栽培可用木屑、稻草、麦秆、玉米芯、棉籽壳、蔗渣、棉秆、大豆秸等作为原料，其中玉米芯发酵料栽培"是在长期的生产实践过程中逐步成熟的，是当前非常成熟、先进、省工、省时、高效、优质、环保、节能的一种栽培平菇模式"。③

①　黄元，杨梦丽，赵国海. 平菇的栽培技术［J］. 河南农业，2022（19）：17.

②　阎红琳. 平菇高效栽培技术［J］. 农村新技术，2021（10）：22.

③　李峰，赵建选，靳荣线. 玉米芯发酵料栽培平菇技术优势问题分析及对策［J］. 食用菌，2020，42（1）：37.

（2）平菇生长发育的温度。在理想的生长环境中，平菇生长发育的适宜温度范围为 6～30 ℃。在菌丝体阶段，较适宜的温度为 24～27 ℃，而子实体形成则一般需要 5～22 ℃的温度。不同品种对温度的要求各有不同。

（3）平菇生长发育的湿度。平菇对湿度有一定的耐受性。在菌丝生长阶段，较为适宜的含水量范围为 65%～70%。而在子实体形成阶段，空气的适宜湿度应维持在 85%～95%。

（4）平菇生长发育的空气。在空气方面，菌丝生长阶段对二氧化碳浓度的忍耐能力较强，即使高达 28%的浓度也能刺激其生长。然而，一旦进入子实体发育阶段，良好的通气就变得至关重要，因为当空气中二氧化碳比例超过 0.3%时，子实体的生长发育会受到抑制。如果子实体阶段缺乏足够的氧气，会导致平菇的菌盖小而薄，菌柄会丛生并分叉，甚至形成畸形的菇。

（5）平菇生长发育的光照。在菌丝生长阶段，光照并不是必需的。但是，子实体分化和发育需要散射光，最适范围为 50～1 000 lx。光照不足会导致形成的原基数较少，子实体的菌柄会变得细长，菌盖也会变小且呈苍白色，最终形成畸形的菇。然而，光照过强也不利于平菇子实体的正常发育，当光照强度超过 2 500 lx 时，原基数显著减少，甚至可能不形成原基。

（6）平菇生长发育的酸碱度。菌丝体在 pH 4～8 的范围内能正常生长，其中最适 pH 为 5.8～6.2。然而，菌丝生长过程中，代谢产生的有机酸会使培养料的 pH 下降，而在灭菌后培养基的 pH 也会下降。因此，在配制培养料时，应注意避免原料的 pH 过低，以保证平菇的正常生长发育。

3. 平菇的形态发生

平菇是一种生活史相对复杂的真菌，其繁殖过程涉及异宗结合和双因子控制。首先，孢子在适宜条件下萌发，形成多核的芽管，随后逐渐发展成单核的菌丝体。当不同配合性的单核菌丝相遇时，它们会结合形成双核菌丝。

双核菌丝通过锁状联合进行细胞分裂，增加了生殖的复杂性。随着菌丝体的生理成熟，表面的菌丝开始扭结，形成由柱状菌蕾组成的菌蕾堆，这一阶段被称为"桑葚期"。经过一段时间，菌蕾伸长，形成参差不齐的菌柄，并在顶端形成菌盖，这标志着新的阶段的开始。菌柄不断增粗，菌盖下的子实层中，棒状双核菌丝的顶端细胞形成担子，经过核融合和减数分裂，形成 4 个担孢子。最终，成熟的孢子从菌褶上弹射下来，完成一个生活周期。整个生活史的过程中，平菇的不同生殖阶段需要特定的条件和双因子控制，这使它的生活史显得非常独特和复杂。

（二）平菇的栽培技术

平菇在栽培过程中经历了多个发展阶段。最初是通过瓶栽、筒栽、室内床栽、室外阳畦栽培以及与林木和农作物的"间作""套种"等方式实现"立体栽培"。近年来，又出现了半地下室栽培房或荫棚下熟料的立柱式栽培和墙式栽培的新兴发展形式。

1. 平菇栽培计划的制订

平菇是一种温度适应性广泛的菌种，可通过合理搭配高、中、低温品种及栽培管理措施，全年进行栽培。关于最佳播种时机，秋季是较佳的选择。这是因为秋季的气温变化规律与平菇的生活习性相吻合，并且与产菇期所需的温度相适应，从而有助于减少病虫害，延长产菇期。平菇的生产周期相对较短，通常在播种后 30～40 天，菌丝就能成熟，进入出菇期，整个生产周期为一个多月。因此，在制订平菇的生产计划时，应考虑原基分化后 50 天内的气温变化以及所选品种子实体发育的适温范围。

2. 平菇的栽培方法

（1）平菇的阳畦栽培。

第一，确定播种期。在阳畦平菇栽培中，播种时机至关重要。有三个主要时期可供选择：秋播、冬播和春播。然而，最适宜的播种期是在秋季的 9 月下旬至 10 月上旬。这个时候气温适宜，为丰产稳产提供了有利条件。当然，春季和冬季也有各自对应的气温条件和出菇时间，需要根据具体情况来选择。

第二，阳畦的建造。阳畦的建造也是栽培成功的关键。根据不同的播种期，选择合适的地点建造阳畦是必要的。在春季播种时，应选择有遮荫的地方，以减缓早春时节的寒意。而秋季播种时，则应选择背风向阳且不易积水的地方，以确保菇棚内的适宜环境。一般情况下，阳畦的宽度为 0.8～1 m，深度为 0.4～0.5 m，长度为 3～5 m。为了更好地利用阳光，阳畦的朝向一般选择坐北朝南。同时，东西土墙会采用北高南低的斜坡状，这样可以更好地控制温度和湿度。

在多畦排列的情况下，还需要考虑排水沟和人行道的设置。排水沟的设置有助于避免因雨水积聚而导致的栽培环境问题，保持菇棚内干燥。而人行道的规划则方便栽培人员在不损坏菇菌生长的情况下进行管理工作。

第三，播种方法。在蘑菇栽培中，播种方法是确保高产和质量的重要环节。下面将介绍播种时的关键要点及其适用场景和操作步骤。

为了避免积水，播种时床面应该做成拱形。这样能够有效地排除多余的水分，保持适宜的湿度，为蘑菇的健康生长提供一个良好的环境。投料的多少应该根据出菇时间的长短来确定。如果是在秋季或冬季播种，出菇时间较长，这时需要投入更多的料，通常是每平方米 20～22 kg。而如果是在春季播种，出菇期相对较短，只需要投入 12.5～15 kg 的料即可。合理的投料量可以保证蘑菇有足够的养分支持生长发育。在进行播种前，应先用浓度为 10%的石灰水对畦面及四壁进行消毒。最好使用石灰水的上清液，这样能有效地杀灭有害微生物，减少病害的发生，提高蘑菇的产量和品质。

关于播种的方法，根据规模的不同，有两种主要的播种方式：穴播表面覆盖法和层播法。对于小规模栽培，穴播表面覆盖法是一种合适的选择。在这种方法中，每 100 kg 干料使用 750 g 菌种，其中 70%用于穴播，30%用于表面撒播。这样能够确保菌种的均匀分布，促进蘑菇的整齐生长。对于大批量生产，层播法是更适用的方法。在层播法中，需要逐层撒菌种和料，共放 3～4 层。然后，覆盖地膜来保温和保湿，为蘑菇提供一个稳定的生长环境，确保高产。

针对传统层播法的发育中心问题，还有一种改良层播法。这种方法先铺一层培养料，再均匀地播撒一层菌种，占总种量的 20%。接着再用穴播的方法播种总种量的 50%。最后，再次覆盖地膜进行保温和保湿。这样能够更好地解决发育中心的问题，增加蘑菇的产量和质量。

第四，发菌期管理。在发菌期，需要密切关注料温的变化，特别是生料。一旦料温升至 34 ℃以上，应及时揭开薄膜进行通风散热，同时避免频繁掀动薄膜，以免引入杂菌污染。

另外，在发菌期间要避免在菌床上浇水，因为过高的含水量可能会导致嫌气发酵，进而使培养料变质。在接种完成后的第 7 天，应该仔细检查发菌情况。如果发现有杂菌存在，可以使用甲醛或石炭酸进行擦拭，或者用生石灰盖住以控制杂菌的滋生。

第五，出菇期管理。当菇丝长透，棉壳发白并连成块，并且散发出菇香味时，表示发菌已经完成。接着就进入了出菇期管理。在此阶段，需要增加光照的强度和时间，搭起薄膜促进菇蕾的形成。而对水分的管理也尤为关键，在菇蕾呈珊瑚状时，要避免过量喷水。

第六，采收。平菇成熟的标志是菌盖颜色变浅，并且边缘开始反卷，茸

毛也会出现。及时采收成熟的菇类，然后进行干燥处理 4～5 天。此时可以喷水，以刺激产生第二潮的菇蕾，增加产量。

（2）平菇的袋式栽培。平菇的袋式栽培是一种在北方较为常用的栽培方式。

第一，栽培袋。栽培袋是长 45～50 cm、宽 25～30 cm、厚 2～3 丝米的聚乙烯塑料袋，高温季节使用细袋，低温季节使用粗袋。旧袋经过石灰水浸泡灭菌后可重复使用。

第二，装袋接种。装袋接种的过程是将菌种掰成花生米大小放在无菌容器内备用。然后，扎口一端的袋内放入一小把菌种，摊平后加装培养料，并压实。在一半高度时加入另一层菌种，继续加料并压实。一般总的菌种用量应在 5%～10%。扎袋口时要注意不能过松或过紧，过松容易感染杂菌，过紧则导致菌丝缺氧而生长缓慢。可以在装料前后扎袋口时，加扎棉花塞，以确保通气。装袋时要注意，装好的袋应用手托起中间不打弯，平放手按有凹坑为准。装得过紧则发菌慢、易污染，装得过松则挪动时易拉断菌丝，一般每袋装干料 1.5 kg 左右。

第三，发菌管理。将装料的塑料袋移入室内进行发菌操作。确保发菌的适宜环境，包括温度和湿度。发菌适宜温度为 15～25 ℃，适宜湿度为 50%～60%，后期可调至 60%～70%。在低温季节，料袋可以双行高层堆袋，上盖草帘或农膜，留 30～50 cm 过道。而在高温季节，宜采用单行低层排列，以防止烧堆的问题。为了保证发菌的均匀性，每 5 天左右需要翻堆，同时每 2～3 天进行通风。一旦料温超过 30 ℃，应立即翻堆，并特别注意温度变化。同时，若有杂菌污染的袋子，需要单独处理，并清理掉严重受到污染的部分。发菌期一般为 20～35 天，等到袋面有白色菌膜且料坚实时，即表示发菌已经成功。而等到料面开始分泌黄水珠时，菌丝已发育成熟，进入了出菇阶段。

第四，出菇管理。发菌结束后，将菌袋两端打开，让子实体在袋口处发育，并将其移入菇棚。菌袋应单行排列，每堆 5～7 层，堆与堆之间留 70～80 cm 的距离，以便管理和通风。室温需要控制在 13～18 ℃，湿度保持在 85%～90%，每天通风 1～3 次。良好的通风是确保蘑菇健康生长的关键，但过长时间的通风也会影响温度和湿度。当平菇成熟后，需要及时采收，避免过度生长导致品质下降。在采收第一潮菇后，需要停水 2～3 天，清除残存的死菇和菇柄等，然后再向袋内补水。按照发菌的要求控制温度和湿度，以促进新的菇蕾产生，经过 10～15 天后可进行第二潮的采收，一般可采 3～4 潮。

3. 平菇栽培常见问题及解决方法

（1）如果菌丝表面出现"菌冻"，通常是因为培养袋在发菌期间通气不流畅，导致菌丝缺氧和淹渍自溶死亡。为了解决这个问题，可以采取一些措施，比如加强倒袋和通风，还可以在培养袋上扎孔增加氧气含量。

（2）培养料变酸发臭往往是由于消毒灭菌不彻底，导致真菌和细菌繁殖，从而使培养料酸败。为了避免这种情况发生，最好在配制培养料前对原料进行充分杀菌消毒，同时在阳光充足时暴晒。

（3）有些料袋可能会出现只有一端菌丝发育较好的情况，这通常是因为灭菌锅水过多，导致袋内进水，培养料含水量过高；或者是袋口扎得太紧，导致氧气不足。解决这个问题的方法包括通风倒袋，并增加通气塞。

（4）菌丝满袋但迟迟不出菇的问题有多种可能原因，比如温度选择不当、培养料碳氮比不适宜、过早打开袋口导致干燥的厚菌膜等。针对不同的原因，需要有针对性地采取相应的解决方法。

（5）如果播种后不发菌，可能原因包括培养料发霉变质、菌种质量差、消毒剂使用过多、培养料过湿、氧气供应不足、培养温度不合适、接种量太少等。

二、香菇的栽培

香菇是世界著名的食用兼药用菌之一，也是我国重要的食用菌出口产品。又名香菌、冬菇、香蕈，隶属于伞菌目、口蘑科，为香菇属。因其鲜美的味道和令人陶醉的香气，以及丰富的营养成分，享有"真菌皇后"和"山珍之王"的美誉。作为珍贵食材，香菇在国际市场上备受追捧，成为我国重要的食用菌出口产品之一。"香菇是一种具有较高营养价值的食用菌，还具备一定的医药保健功能，在市场中价格不断上升，开展香菇栽培是新时期农业发展的新方向。"[①]

香菇是一种广泛分布在中国、日本、朝鲜、越南等国的食用菌。其人工栽培技术源远流长，早在 800 多年前就已经相当成熟，并一直延续至 21 世纪初。然而，真正的转折点是在 20 世纪 60 年代中期，当时中国开始培育纯菌种，并推广人工接种的段木生产技术，为香菇的规模化生产奠定了基础。

---

① 王云飞. 香菇栽培技术及推广应用探索 [J]. 新农业，2022（7）：21.

到了 20 世纪 70 年代中期，中国又采用木屑代替传统的段木，进一步促进了香菇代料栽培技术的发展。随着不断改进技术和新技术的引入，中国香菇的产量大幅增长，中国成功成为世界第一大香菇出口国。

除了经济价值，香菇也因其丰富的营养成分而备受瞩目。香菇富含多糖，这些多糖被认为可以提高人体免疫功能，增强身体的抵抗力。此外，香菇水提取液能够消除人体的过氧化氢，具有延缓衰老的功效。菌盖部分含有双链结构的核糖核酸，这些物质具有防癌和抗癌的作用，有助于预防某些恶性肿瘤的生长。同时，香菇中含有嘌呤、胆碱、酪氨酸、氧化酶以及某些核酸物质，这些成分能够调节人体的血压、血脂，预防动脉硬化、肝硬化等多种疾病的发生。

（一）香菇的生物学特征

1. 香菇的形态特征

香菇是一种由菌丝体和子实体构成的真菌，人们通常食用的是其子实体。子实体由菌盖、菌褶和菌柄三部分组成。成熟的菌盖直径通常为 5～10 cm，有时甚至可达 20 cm，其表面布满鳞片，并且颜色会随着温度的变化而发生变化。在幼年时，菌盖呈半球形，并且下面还覆盖着菌幕，而随着成熟，菌盖的边缘会逐渐反卷和开裂。

香菇的菌肉呈白色，质地韧性十足。而菌褶则是浅白色的刀片状结构，宽度为 0.3～0.4 cm，随着时间的推移，菌褶的颜色会逐渐变为红褐色。菌柄的颜色为浅褐色，是实心的，为圆柱形，长为 2～6 cm，粗度为 1～1.5 cm，其生长位置通常在中央或稍微偏离中央的位置。

2. 香菇的生长发育条件

（1）香菇生长发育所需的营养。香菇是一种木腐菌，其生长发育受到多个关键因素的影响。首先，就营养方面而言，香菇主要需要碳水化合物和含氮化合物，以及少量的无机盐和维生素等。菌丝体通过分泌酶来降解纤维素、半纤维素和木质素，从中吸收、利用还原糖，碳源包括单糖、双糖和多糖。香菇的氮源主要来自有机氮和铵态氮，而不能利用硝态氮和亚硝态氮。除此之外，香菇还需要磷、钾、镁等主要元素，以及铁、锌、锰、铜、钴和钼等微量元素。维生素 B 对香菇的生长也是必需的。

（2）香菇生长发育所需的水分。菌丝体的最适含水量在木屑培养基中为60%～70%，而在菇木中则为 35%～50%。在子实体发育阶段，菇木栽培时，空气相对湿度宜保持在 70%，而代料栽培时，空气相对湿度宜保持在 85%～90%。适当的空气湿度，干湿交替对子实体的生长发育也十分有益。

（3）香菇生长发育所需的温度。香菇属于低温、变温结实性真菌。担孢子的适温为 22～26 ℃。菌丝生长的温度范围为 3～32 ℃，最适温度为 24～27 ℃，超过 35 ℃时，菌丝停止生长，38 ℃以上则会死亡。对于子实体的发育，温度范围为 5～25 ℃，适温为 12～18 ℃，子实体原基的分化温度为 8～21 ℃，最适温度为 10～12 ℃。低温条件下，香菇的结菇速度较慢但质量较好，而高温条件下，生长较快但质量较差。通过短时低温和干燥处理，还可以培育出质量较好的花菇。

（4）香菇生长发育所需的光照。尽管光线可以抑制菌丝的生长，但对于子实体原基的形成和分化，散射光却是必需的。研究表明，10 lx 是最适宜的光照条件，可以促进原基的分化。在暗处，原基仅会长出菌柄而不会形成菌盖，这意味着在没有足够散射光的情况下，香菇无法进行生殖生长并产生孢子。过强的光照同样会抑制子实体的发育，因此需要在一定程度上进行遮荫。

（5）香菇生长发育所需的空气。香菇是好气性真菌，需要充足的新鲜空气。如果空气不流通，缺氧会阻碍菌丝的生长和子实体的发育。此外，不通风的环境还会导致菌丝早衰和迅速死亡，导致产生畸形菇，如大脚菇和长柄菇。因此，为了确保良好的生长发育，务必保持菇房内空气的流通，经常进行通风换气。

（6）香菇生长发育所需的酸碱度。香菇对偏酸性环境较为适应，其菌丝生长的 pH 范围要求为 3～7，最适宜的范围是 4～5.5，而高于 7.5 的 pH 会停止生长。原基形成和子实体发育最适宜的 pH 范围为 3.5～4.5。在培养基灭菌后，为了保证良好的生长，需要将 pH 控制在 5.0～6.0。然而，在段木栽培时，由于木材纤维素分解会使 pH 达到 3.8 左右，因此不需要额外调节酸碱度。

3. 香菇的生活史

香菇经历四个生活史阶段，包括担孢子、单核菌丝、双核菌丝和子实体。在困难环境下，香菇的单核菌丝和双核菌丝会产生厚壁孢子来保护自身。而在合适条件下，这些厚壁孢子会发芽成菌丝，然后继续生长和发展。

（二）香菇的段木栽培

段木栽培是一种利用阔叶树段木进行人工接种、栽培食用菌的方法，主要分为长段木栽培法、短段木栽培法、埋木栽培法等不同形式。其栽培过程包括选树、砍树、截段、打孔、接种、发菌、出菇管理和收获等步骤。这种栽培方法特别适用于拥有菇木资源的山区地区。对于贫困山区的广大农民而言，段木栽培香菇是一条有效的致富途径，为他们提供了脱贫致富的机会。通过合理利用当地的木资源，农民们能够从香菇的栽培中获得丰收和收入，从而改善生活条件，实现经济独立。

1. 香菇段木栽培的发菌管理

段木接种后进入管理阶段，分为前期的发菌管理和后期的出菇管理，整个过程持续约 10 个月。发菌管理是确保菌丝健康发育的关键，包括以下具体步骤：

（1）堆积发菌。接种后及时将段木堆积起来，采用井叠式或覆瓦式堆积方式。在堆积过程中，要注意保温、保湿，并创造良好的环境条件，以促进菌丝的萌发。这个阶段的重点是让菌丝开始扩散和生长。

（2）覆盖保菌。堆积后及时覆盖树枝叶、山茅草或塑料薄膜等材料，以保持温湿度、防雨和防晒，为菌丝提供生长所需的环境。这样可以帮助菌丝持续健康生长。

（3）检查补菌。在菌丝生长的前期，需要定期检查成活率，并清除可能出现的杂菌和虫害，以提高成活率。保持良好的生长环境可以帮助菌丝更好地生长。

（4）翻堆养菌。由于堆积的菇木条件可能有所不同，需定期翻堆，使发菌状态均匀一致。通常每月进行 1～2 次翻堆，并将菇木位置互相调换，以确保菌丝在各个部分均匀分布。

（5）调水促菌。当菌丝充满菇木表层后，进入成熟阶段。此时管理重点转向保湿，调水促进菌丝继续向内深入菇木，使其吸收更多养分，为出菇做好准备。可以采取覆瓦式堆积、加盖覆盖物或塑料薄膜，并通过喷水或淋水来供给适量水分，维持湿润环境。

2. 香菇段木栽培的出菇管理

一般情况下，段木接种后约需 9 个月，菌丝会达到生理成熟，并在段木上开始形成子实体原基，逐渐生长和发育为成熟的子实体。在这段时间里，需要进行良好的出菇管理工作。

（1）菇木鉴选。触摸菇木表面，感受是否粗糙不平、有小瘤和裂口等特征。这有助于确定子实体原基是否形成，即将出菇。光滑平整的表面可能意

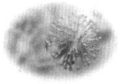

味着菇木的生长情况良好。通过按压菇木的树皮，感受其柔软和弹性。同时，敲击菇木时听到的浊音或半浊音也是一个指标。这些可以帮助确定菌丝是否在菇木内生长良好并基本成熟。还需要检查菇木下方是否呈黄色或褐色，是否存在密集的菌丝和具有香菇香味的松软组织。这些特征表明菇木是良好的，有利于菇体生长。同时，观察菇木外皮颜色是否新鲜，是否有香菇菌丝蔓延在接种穴周围，以及树皮与木质的贴合程度。这些方面的观察可以指示菌丝生长状况良好但尚未成熟。

如果菇木呈灰黑色或其他不正常颜色，并且散发腐朽味，那么可能受到杂菌感染。此时，已经达到成熟度且形成了子实体原基的菇木应尽快架木增加湿度，以促使菇体尽快生长。对于菌丝已经成熟但尚未形成原基的菇木，则应堆放在通风干燥处，仍采取"井"字式堆放进行培养。而菌丝生长情况不佳、尚未成熟的菇木则应单独堆放和培养。

（2）浸水催蕾。浸水催蕾是一种用于加速菇蕾形成的方法，特别适用于在干燥条件下含水量低于45%的菇木。这种方法的操作很简单，只需要将菇木放入一个容器中，用清洁的、不污浊的水浸泡。浸泡的时间根据菇木的大小而定，通常为12至24小时。为了获得最佳效果，浸水时应使用冷水，但要避免结冰。此外，还可以在水中添加柠檬酸或过磷酸钙等酸性养料，以促进菇蕾的形成。如果没有条件进行浸水处理，也可以采取人工喷水的方法来补充菇木的水分。这种方法需要多次、少量地进行喷水，以保持湿度的均匀一致。在喷水之前，如果遇到低温干旱的情况，需要在喷水后进行保温覆盖。可以保持覆盖1小时，并用塑料薄膜将菇木包裹起来，每天换气1次，这样可以有效地保持温湿度，促进菇蕾的形成。

（3）架木出菇。菇木中的菇蕾大量形成后，应及时将菇木架起来，便于管理采摘。

3. 香菇段木栽培的采收

当香菇的子实体长到七八成熟时，菌盖边缘仍向内卷呈铜锣边状，此时是采摘的适宜时机。过早或过晚采摘都会对香菇的产量和质量产生影响。最好选择晴天进行采摘，并可先摊晒再进行烘烤，以提高香菇的外观质量。然而，如果天气变阴、气温迅速升高且即将下雨，应提前采摘，以避免对香菇的商品质量造成影响。

在采摘时，应使用拇指和食指夹住菇柄的根部，轻轻旋起香菇。尽量保持菌盖边缘和菌褶的原貌，不要损伤未成熟的小菇蕾。采摘后需要将菇柄完整地摘下，以防止残留部分在菇木上腐烂，引来虫蚁或杂菌，并影响后续的出菇。

在采摘时应避免使用大箩筐或塑料袋等容器，以免造成挤压变形或通气不良，导致香菇变质。最好选择小竹篮来盛装采摘的香菇，并在采摘后进行摊晒或烘烤处理。随后，可以对香菇进行分级包装，并进行密封贮藏，以保持其新鲜度和质量。这种方法能够确保采摘的香菇在运输和贮存过程中保持最佳状态。

三、灵芝的栽培

灵芝俗称灵芝草或红芝，是一种珍贵的药材，它被归类为担子菌纲、多孔菌目、多孔菌科、灵芝属。全球范围内有 200 多种不同的灵芝，其中赤灵芝、红芝、紫芝和云芝是主要的药用品种。灵芝以其多种功效而闻名，包括滋补强壮、扶正固本和益心气等。

灵芝含有多种物质，其中包括生物碱、甾醇类和酚类物质，还有氨基酸、类内酯和香豆精等成分。这些物质对人体有益，具有一定的药用价值。特别是灵芝孢子粉，它对癌细胞和肿瘤具有杀伤和抑制作用，因此增加了灵芝的药用价值。

灵芝适宜在热带和亚热带地区生长，它是一种木材腐生真菌。在自然界中，紫芝和赤芝是最常见的灵芝种类。此外，人工栽培的灵芝也有很多品种，包括紫芝、赤芝、黄芝、白芝、黑芝和青芝等。

（一）灵芝的生物学特性

1. 灵芝的形态特征

灵芝是一种珍贵的中草药，其特征性的菌丝结构是其生长和繁殖的基础。这种菌丝呈管状，直径为 $1 \sim 3\ \mu m$，色白，整齐地蔓延生长。菌丝表面覆盖着草酸钙结晶，逐渐形成坚韧、石膏状的菌膜，并分泌出色素。

灵芝的子实体是指成熟的灵芝。子实体通常呈肾形或伞形，由菌柄、菌盖以及子实层组成。菌盖的颜色、大小和形态会受品种、栽培条件以及光照情况的影响而发生巨大变化。一般而言，菌盖多呈肾形或半圆形，直径为 $5 \sim 20\ cm$，并且在下表面有许多管孔，每平方毫米可以有 4 至 5 个管孔。此外，其孢子印一般呈褐色或棕色。

菌柄是灵芝子实体的一部分，呈不规则圆柱状，常常为紫红色。菌柄的形状和颜色会受到环境条件和营养状况的影响，因此可能会有一定的变化。

2. 灵芝生长发育的条件

（1）灵芝生长发育所需的营养。灵芝是一种对生长环境要求较为严苛的真菌，其生长发育的营养来源主要通过多种途径实现。首先，灵芝利用木材中的纤维素、半纤维素和糖分，通过酶的分解作用将其转化为可利用的营养物质。同时，灵芝还通过蛋白水解酶活动来获取氨基酸或氨离子。此外，灵芝的菌丝还能通过菌丝渗透作用吸收矿质元素，从而满足其生长发育的需求。

灵芝的培养料碳氮比应为 30:1，这是因为合适的碳氮比能够促进菌丝的生长和代谢产物的积累。但过高或过低的碳氮比都会对其生长和代谢产物的积累产生不利影响。

（2）灵芝生长发育所需的温度。灵芝的生长适宜温度范围为 15～36 ℃，其中最适温度范围为 25～30 ℃。低于 25 ℃或高于 36 ℃的温度都会导致灵芝的生长缓慢或老化，甚至高温超过 38 ℃还会导致灵芝的死亡。

此外，对于灵芝的子实体分化也有一定的温度要求。最佳的子实体分化温度为 28 ℃左右，而低于 20 ℃则会导致子实体不能正常分化。另一方面，长时间处于 30 ℃以上的高温环境中，会导致子实体发育周期缩短且质地不紧密。

（3）灵芝生长发育所需的水分与湿度。灵芝需要充足的水分和较高的空气相对湿度来确保其正常生长。在菌丝体阶段，培养料的水分含量应保持在 65%左右，而空气相对湿度则应保持在 65%～75%的范围内。而在子实体阶段，空气相对湿度的要求则更高，应保持在 85%～95%。

（4）灵芝生长发育所需的空气。空气中的二氧化碳含量对于灵芝的子实体生长发育也有一定的影响。当空气中的二氧化碳含量超过 0.1%时，灵芝将无法形成子实体；而当二氧化碳含量超过 10%时，则连开伞的过程都无法完成。因此，控制空气中的二氧化碳含量对于灵芝的健康生长非常重要。

（5）灵芝生长发育所需的光照。尽管灵芝本身没有光合作用，但在子实体形成期，一定程度的适当漫射光是必要的。在光照条件下，灵芝的子实体能更好地形成和发育。一般而言，光照强度应保持在 3 000～5 000 lx 的范围内，这将有助于灵芝的正常生长。

（6）灵芝生长发育所需的酸碱度。灵芝喜欢偏酸的环境，营养生长的

pH 范围应为 3.5～7.5，而最佳 pH 则为 4.5～6.5。因此，在灵芝的培养过程中，维持适宜的酸碱度对于其健康生长尤为重要。

3. 灵芝的生活史

灵芝是一种具有丰富药用价值的真菌，它经历了一个完整的生命周期过程，被称为灵芝生活史。这个过程从担孢子的萌发开始，逐步形成具有实体形态的灵芝。当担孢子开始萌发时，它们会形成单核菌丝，这是灵芝生命周期的起点。单核菌丝会相遇并发生质配，形成双核菌丝，并通过一种叫锁状联合的过程不断增殖。随着双核菌丝的增长，灵芝的体积迅速扩大，它的生长能力也变得更加强大，灵芝形成了一个称为菌柄的结构。当菌柄发育到一定程度时，柄顶端开始发生突起，这个突起成为菌盖原基幼体。菌盖原基幼体会沿着水平和垂直方向持续生长，形成菌管和担子。担孢子从菌盖下方的管孔中散发出来，完成灵芝的生命周期。担孢子有着重要的传播功能，它们可以被风、动物或其他介质带走，继续传播和繁衍。

（二）灵芝的栽培技术

为了获得灵芝的子实体和孢子粉，人们主要采用人工栽培的方式。过去，室内瓶栽法是常用的栽培方法，但近年来越来越多的人开始尝试室外建荫棚，棚下采用培养袋埋畦法或室内代用料菌袋栽培法。此外，还有利用枝丫柴截段制作培养袋的栽培法和段木栽培法。这些新的栽培方法使灵芝的人工栽培更加多样化和高效化。

1. 灵芝塑料袋室内栽培法

（1）灵芝室内栽培时间的确定。灵芝是一种适合室内栽培的药用真菌，为了确保灵芝的正常生长和发育，一些关键事项需要在栽培前进行准备和安排。先是确定灵芝的室内栽培时间。灵芝子实体在发育阶段需要较高的温度和湿度，最低温度要求为 22 ℃。因此，最适宜栽培灵芝的时段是当地平均气温稳定在 20～23 ℃的时候。一般来说，在栽培季节前的 25～30 天，可以准备好栽培袋。如果是大面积栽培，还可以再提前 10 天进行准备。

（2）灵芝室内栽培前的准备工作。

第一，栽培料的准备。常用的栽培料包括木屑、棉籽壳、蔗渣等农副产品的下脚料。其中，木屑主要采用阔叶树木屑和硬杂木木屑。一般会在制袋前的 15 天砍伐和截段短段木以备使用。

第二，场地设置。选址时要选择交通便利、水电供应方便、干燥清洁，并远离畜牧场、饲料库和严重污染的地方。周围还需要有开阔的空地用于堆晒原料。建议选择具备良好密封、隔热、保温、光线充足和清洁消毒条件的培养室，可以采用钢筋水泥或土木结构建造。同样，必须设有必要的排水设施，以确保室内环境的稳定和卫生。

（3）灵芝室内栽培培养基配制。

配方。在灵芝的室内栽培中，有三种常用的配方：① 木屑 70%，麦麸 28%，蔗糖 1%，石膏 1%；② 木屑 80%，麦麸 18%，蔗糖 1%，石膏 0.7%，尿素 0.3%；③ 秸秆 75%，麦麸 23%，蔗糖 1%，石膏 0.7%，尿素 0.3%。这些配方中的要素比例都经过仔细的研究和实验，以确保灵芝的生长和产量都能得到最佳的表现。

培养料的制配方法。为了制配培养料，需要先按照配方比例来称取各种原料。然后在拌料的过程中，要逐渐加入适量的清洁水，使料能够充分吸水。拌匀后，将料堆放半小时，以让其充分混合。之后，将拌好的料装入塑料薄膜筒袋中。在装袋的过程中，需要注意选用高压聚丙烯或高密度聚乙烯塑料袋，并且填料时松紧度要适中，每袋干料 200～250 g。

若选择短木条栽培灵芝，可以选用宽 15 cm、长 33 cm 的塑料袋。树木枝条应该截成 15 cm 长的小段，并根据重量加入米糠或麦麸等辅料。为了防止袋子被刺破，袋子的端部用棉纱扎紧或套上环套，并塞上棉花塞。这样一来，灵芝就能在袋中安全生长，不受外界环境的干扰。

（4）灵芝室内栽培的灭菌处理。在灵芝室内栽培时，灭菌是一个至关重要的步骤，一般采用常压灭菌的方法。这个过程需将料温逐渐上升到 100 ℃并保持 8～10 小时。为了确保灭菌效果，灭菌时必须使用猛火加热，驱赶锅内的冷空气，以使料温能够迅速达到 100 ℃。

在进行灭菌时，锅与袋之间需要留有一定的空隙，以确保蒸汽能够快速流通，从而达到灭菌彻底的目的。一旦达到要求的灭菌时间，可以打开锅门，将袋放置在冷却室或干净房间中排放，直到袋内的温度降至 30 ℃以下，才能将袋移入接种室。

（5）灵芝室内栽培的接种。灵芝室内栽培的接种在灭菌完成后进行，等待袋料温度下降至 30 ℃以下再接种。接种时必须按照无菌操作规程在接种箱内进行，以确保接种的成功。每瓶通常接种 10～20 袋，接种块的大小最好与花生仁相似，并且尽量将种块接入孔穴中，这样可以促使封面的迅速形成，缩短栽培时间，避免菌丝在培养基表面尚未完全蔓延之前就已经形成子实体原基。

（6）灵芝室内栽培的出菇管理。灵芝室内栽培的出菇管理是一个关键的过程，需要精心的管理和细致的观察。以下是灵芝室内栽培的出菇管理关键事项：

第一，菌丝体阶段管理。在菌丝体阶段，培养室的温度应该保持在 26～28 ℃，相对湿度控制在 60%～70%。当菌丝覆盖培养基表面并向下蔓延后，菌丝进入旺盛生长期。此时，需耐心培养 25～30 天，直到菌丝长满整个培养袋，然后再培养 10～15 天，以确保菌丝体达到生理成熟状态。一旦菌丝体生理成熟，为了诱导芝原基的形成，需要将空气湿度增至 90%，并使温度维持在 28 ℃。

第二，子实体形成阶段的管理。在这一阶段，适宜的温度为 26～28 ℃，而空气相对湿度则应维持在 85%～95%。为了促进灵芝的生长，需要在室内适度喷水，特别是晴天时需多喷，雨天则可以少喷或者不喷。此外，要特别注意通风透气，以保持良好的空气流动。

在子实体形成阶段，控制二氧化碳浓度至关重要。过高的二氧化碳浓度可能导致菌柄过度分枝，从而影响产量和品质。因此，要确保合理的通风和排气，保持适宜的二氧化碳水平。观察子实体的生长过程也很关键。菌盖在生长过程中会呈现一轮轮向外水平生长，而菌管则向下生长。成熟阶段的标志是菌盖边沿生长点消失且颜色不再变化。整个生长过程直到菌管散发孢子粉，孢子完全释放才完成。

2. 灵芝塑料袋室外荫棚埋畦栽培法

（1）灵芝室外栽培的埋袋。首先，将生理成熟的栽培袋搬入预先设置好的浅畦沟坑内。然后，用刀片划破塑料袋，取出菌柱竖放于坑内。接着，填充菌柱之间的空隙，可以使用干净湿细沙或腐殖质含量较低的湿表土。为保持适宜的湿度，菌柱上方覆盖 1～2 cm 厚的细沙，并淋适量的水，最好再覆盖薄膜。

另一种方法是将生理成熟的袋料菌柱取出，捣碎成块状，平铺于浅畦内，稍微压实，厚度约为 10 cm，然后再覆盖薄膜。数天后，菌丝会恢复并重新结块，表面会变白，此时需要在料面铺上厚约 2 cm 的细湿土，再次覆盖薄膜，为培育提供更好的条件。为防止水分过度蒸发或雨水流入，可以在畦沟上方建拱棚。这样，灵芝在适宜的湿度中可以顺利生长，同时可以保护免受极端天气的影响。

（2）灵芝室外栽培的管理。灵芝是一种重要的药用真菌，对于其室外栽培管理来说，温度是一个关键因素。子实体的发育温度范围通常为 22～35 ℃，因此，在提前将灵芝菌种入畦时，需要增加畦内温度，这可以通过增加光照强度和延长光照时间来实现。

对于室外栽培来说，5 月中下旬是幼芝开始破土的时期。在这个阶段，要求空气相对湿度高，而幸运的是，梅雨季节通常提供了足够的湿度。同时，需要留意菌盖边缘的颜色，以防颜色变灰。一旦变灰，灵芝就无法恢复生长。

到了 5 月底至 6 月初，如果灵芝的栽培地处于高海拔地区，晚上需要关闭畦上的荫棚来增加温度。而白天则要进行通风，以防止"鹿角芝"的生成。

在 6 月份，气温稳定在 22 ℃以上对于子实体的生长非常有利。在这个温度范围，子实体的生长虽然较慢，但质地较好。但是，如果温度超过 30 ℃，子实体的生长会变得很快，但质地会变差。此外，温度变化过大也容易导致厚薄不均的分化圈出现。

在 6 月中下旬，天气以晴天为主。为了保证灵芝的正常生长，可以使用加厚遮荫物来调节空气的相对湿度。但是，遮荫物不宜过于密闭，以免影响菌盖的展开和色泽。

当灵芝的菌盖呈现出漆样的光泽并开始散发孢子时，就可以采集子实体或者收集孢子粉了。在适宜的条件下，经过 20～30 天的时间，子实体就可以再次形成原基。相比室内袋栽，室外荫棚埋畦法的收成效果更好，可以增加 30%至 80%的产量。然而，由于室外栽培的温度和湿度不易控制，需要更加谨慎地进行管理。

3. 灵芝的段木栽培

灵芝是一种珍贵的药用真菌，其栽培过程需要经过仔细的选择与处理。

（1）在灵芝段木栽培的种树阶段，选择阔叶树木，并优先选用油脂和芳香类化合物含量较低的树木。树木砍伐时间要选择在落叶到发芽之前，然后将其截成 1 m 小段，大口径段木则截成 15～20 cm 小段。为防止杂菌污染，这些段木需要涂上石灰浆，并堆放 7～15 天，易返青的树木则需要更长的堆放时间。

（2）在灵芝段木栽培的接种阶段，用冲击钻在段木上打洞穴。株行距设置为 5 cm，并呈"品"字或"井"字形排列。对于大口径短段木，在横截面上打孔。接下来，将孔穴内填充菌种、木屑和米糠的混合物，并使用专用涂料封穴或涂在孔穴及断面。

（3）当灵芝段木栽培完成接种后，木材需要堆放在培养室或室外荫棚中，以保温保湿。这些段木需要按照"井"字形排列，堆高约 1 m，并覆盖薄膜。大口径短段木可以叠筒保湿。为保持良好的生长环境，定期通风和消毒杀菌至关重要，每隔 7～10 天进行一次翻堆，以保证温、湿度均匀。

（4）在灵芝段木栽培的埋料阶段，当段木内菌丝发育成熟时，需要将其截成 20 cm 小段，并埋入畦内。埋入深度应根据土质和透气性能而定，间隔通常为 10～20 cm。

4. 灵芝的采收

成熟的灵芝表现为盖展开、色泽变红、胶质革质化，以及孢子开始弹射。采收过早会导致产量低，而采收过迟则会影响药效。因此，必要及时采收。在栽培过程中，使用套袋的原则也非常重要。采取早套袋早采收，晚套袋晚采收的策略，而套袋大约 20 天后即可进行采收。这样的方法可以更好地保护灵芝，确保其品质和产量。瓶栽和袋栽的灵芝采收后是可以继续栽培的，而段木栽培则一般只可持续 2 年左右。这需要栽培者在灵芝采收后做出相应的决策，以延续灵芝的生产周期。

采收后，栽培者还需注意剪除菌蒂，并及时晒干或烘干灵芝，然后将其放入塑料袋中妥善保存。此外，每月还需进行检查和复晒，以防止发霉和蛀虫的侵害。

灵芝的深加工也为其带来广阔的前景。除了制成干品外，还可以提炼多糖，制成酊剂、片剂、胶囊、丸类，甚至可以用来泡酒或制成灵芝孢子粉冲剂等。这些深加工产品不仅能提高灵芝的附加值，还能更方便地应用于药物和保健品领域。

第三节　其他食用菌栽培

一、滑菇栽培技术

"滑菇，又名滑子菇，其外观亮丽，味鲜美，口感滑脆，是一种低热量、低脂脂肪的保健食用菌。"①滑菇因其表面涂覆着黏液，食用时滑嫩可口，因此得名。在分类学上，它属于担子菌门伞菌目丝膜菌科鳞伞属。滑菇的人工栽培最初始于日本，而我国的产区主要分布在辽宁、吉林、黑龙江、河北、山东和北京等地区。

（一）滑菇的生物学特性

1. 滑菇的形态特征

滑菇菌丝初期呈白色，随后转变为乳黄色，并形成锁状联合。滑菇的子实体丛生生长，菌盖直径为 3～8 cm，表面呈黄褐色并有黏液。菌肉呈淡黄色或黄色，靠近表皮的下部呈红褐色，菌褶排列较密。菌柄长 2～8 cm，呈圆柱形或向下逐渐粗大，质地坚实且空心，纤维质。在菌柄上部生长着白色或浅黄色的膜质菌环。此外，滑菇的孢子印呈锈褐色，孢子的形状为椭圆形或卵圆形，大小为（5～6）μm×（2.5～3）μm。这些独有的特征使滑菇在野外容易被辨认出来。

2. 滑菇生长发育的条件

（1）滑菇生长发育所需的营养。滑菇是木腐型真菌，其生长发育受到多个关键因素的影响。滑菇在人工栽培时需要提供适宜的营养。通常使用硬杂木屑作为主要培养基质，辅以麦麸、米糠、玉米粉等。在营养生长阶段，滑菇对碳氧比的要求最适为 20:1，而子实体分化发育阶段则需要更高的碳氧比，为（35～40）:1。

（2）滑菇生长发育所需的温度。菌丝生长的适宜温度范围为 20～25 ℃，低于 10 ℃时生长缓慢，超过 33 ℃则会停止生长。而子实体生长的适宜温度范围为 10～18 ℃，高于 20 ℃时，子实体菌盖会变薄，低于 5 ℃时，滑菇基本不生长。不同品种的滑菇对温度有不同的要求。

（3）滑菇生长发育的湿度。在菌丝生长阶段，含水量要求在 60%～65%，空气相对湿度为 60%～70%；而子实体分化和生长发育阶段则需要更高的空气相对湿度，为 80%～95%。

（4）滑菇生长发育所需的光线。菌丝体生长阶段不需要光线，但是在子实体分化发育阶段，适量的散射光（300～800 lx）可促进子实体的形成。

（5）滑菇生长发育所需的空气。滑菇的生长需要充足的氧气，特别是子

---

① 姜建新，徐代贵，王登云，等. 滑菇工厂化栽培技术［J］. 食用菌，2016，38（6）：48.

实体生长阶段更需要注意通风，以避免二氧化碳浓度过高，影响产量和导致畸形菇的产生。

（6）滑菇生长发育所需的酸碱度。滑菇喜欢生长在弱酸性环境中，适宜的 pH 范围为 5.0～6.0。在生产中，通常不需要调整培养料的酸碱度，因为这样可以满足滑菇的生长发育需求。

（二）滑菇的栽培技术

1. 滑菇的栽培季节

在选择滑菇的栽培季节时，必须结合各地气候状况、栽培技巧以及品种特性进行决策。在我国北方，通常采用春季接种、秋季出菇的栽培模式，以满足低温季节接种、高温季节发菌、低温季节出菇的要求。这样的选择有助于确保滑菇的适宜生长和优质产量。

2. 滑菇的培养料配制

常用的培养料配方有多种，其中一些典型的配方如下：

（1）87%的杂木屑，10%的米糠，2%的玉米粉和 1%的石膏，含水量为60%～65%。

（2）90%的杂木屑，8%的麦麸和 2%的玉米粉，含水量范围为 60%～65%。

（3）45%的杂木屑，45%的豆秸和 10%的麦麸，含水量为60%～65%。

（4）80%的玉米芯，19%的米糠和 1%的石膏，含水量维持在 60%～65%。

（5）95%的棉籽壳，4%的麦麸和 1%的石膏，含水量保持在60%～65%。

（6）80%的杂木屑，15%的麦麸，2.5%的玉米粉，1.5%的黄豆粉和 1%的石膏，含水量为 60%～65%。

（7）40%的玉米芯，20%的豆秆粉，20%的棉籽壳，18%的麦麸，1%的石膏和 1%的石灰，含水量维持在 60%～65%。

所有这些培养料的共同特点是含水量为 60%～65%，这是确保菌丝体良好生长的重要因素。

3. 滑菇的塑料袋栽培技术

滑菇的栽培选择适宜的栽培容器至关重要。建议使用 17～22 cm×40～55 cm 的聚乙烯或聚丙烯塑料袋，每袋装干料 0.6～1 kg。灭菌过程是确保栽培成功的关键步骤。可以进行常压灭菌 6～8 小时或高压灭菌 1.5～2 小时。

接种方式也是影响菇菌生长的重要因素。推荐采用仿香菇接种方法，在菌袋温度降到 25 ℃以下时进行打穴接种。发菌温度控制是滑菇栽培过程中的关键环节。接种后的菌筒应摆放在干净的发菌室或发菌棚内，接种后的 7 天内，菌袋温度应维持在 22～25 ℃；当菌丝长至 1 cm 时，菌袋温度应维持在 18～22 ℃。在栽培过程中，一定要注意控制高温。一旦温度超过 25 ℃，及时倒垛降温，并加大通风量。菇丝长满袋后，根据出菇条件将菌筒上架出菇。此时，气温应稳定在 20 ℃以下。在开袋 3 天后，每日喷水 2～3 次，以提高湿度，使空气相对湿度达到 90%左右，促进菇蕾的形成。现蕾后，需要进行菇蕾处理。割去接种口周围筒膜，让所有菇蕾外露。为了进一步提高湿度，可以加大喷水量，将空气相对湿度控制在 85%以上。经过 10 天左右的生长，菌菇已经成熟，此时可进行采收。在适宜的环境条件下，生物学效率可达 100%。

4. 滑菇的盘栽技术

滑菇的培养过程与其他食用菌有所不同。在培养料灭菌方面，它有一组独特的步骤。先铺上 10 cm 厚的干料，然后等热汽冒出时撒上湿料，一边看着热汽冒出一边撒料，注意少量多次，严禁一次性大量倒入锅内。

在蒸料的过程中，使用厚塑料膜将其封盖，并将温度保持在 100 ℃，持续蒸 8～10 小时。当料出锅时，温度也不能低于 70 ℃。接下来，将培养料装入托盘，常用的材料包括玉米秸、葵花秆、高粱秸或木板，然后冷却后进行接种。

滑菇的发菌过程也有一定的特点。菌盘会堆在室外进行发菌，待气温升高后再移至棚上架，这有助于促进菌丝的转色和形成蜡质层。夏季要加强通风，以保持菌盘温度不超过 26 ℃。而当气温降至 20 ℃以下时，人们会划割菌盘表面并喷上结菇水，以诱导原基分化。

随着菌盖和菌柄的出现，滑菇进入幼蕾形成期。当菌盖长到玉米粒大小时，开始向菌盘喷细雾，一般每天喷 3 次，以保持室内湿度在 85%～90%。然而，当菇体充分长大但尚未开伞时，停止喷水，以防菌柄基部变黑。

从原基分化到采收，通常需要约 15 天的时间。采收后，需要清理菌盘表面，清除滑菇残根，并停止喷水。然后盖上塑料薄膜，稍微提高培养温度，就可以培育出下潮菇了。

二、白灵菇栽培技术

（一）白灵菇的生物学特性

1. 白灵菇的形态特征

白灵菇，一种四极异宗结合的真菌，其担孢子呈无色、光滑的椭圆形或长椭圆形。菌丝体具有较强的结实能力，其中双核菌丝较粗，呈分支和锁状联合结构。菌落呈浅白色，舒展、均匀、稀疏，气生菌丝较少，主要以匍匐状贴附于培养基表面生长。在常温下，它只需 12 天左右即可完全覆盖试管斜面。

子实体单独生长、丛生或群生，其菌盖为纯白色，光滑，形状介于贝壳状和平展之间，中央较厚而边缘较薄，常在干燥时容易形成裂纹。菌盖直径为 5～15 cm。菌肉为白色，厚实而细嫩，即便受伤也不会发生变色。菌柄也为白色，中实，可中生或偏生，长度为 3～8 cm，直径为 2～3 cm，有些菌柄甚至近乎无柄。菌褶呈白色或浅黄色，延生且长度不一致。孢子印呈白色。

2. 白灵菇生长发育的条件

白灵菇是一种弱寄生性的木腐型菌类，其野生子实体通常可在某些大型草本植物的根茎上观察到。要支持白灵菇的健康发展，其营养需求涵盖碳源、氮源和无机盐等营养物质。

在培养白灵菇时，碳氮比是关键因素之一。适宜的碳氮比范围为（20～40）:1，而在生殖生长阶段，该比例应调整至（60～70）:1。此举有助于促进白灵菇的生长和繁殖。

白灵菇对温度的适应范围为 24～28 ℃，而且还能耐受低于 0 ℃ 的低温，但一旦温度超过 35～36 ℃，菌体的生长就会停止。此外，不同品种对不同温度类型的适应性也不同，包括子实体原基分化和生长发育温度范围。

菌丝体阶段对环境条件的要求也是影响白灵菇生长的重要因素。在这一阶段，菌丝体需要 60%～65% 的含水量和 65% 左右的相对湿度。此外，氧气是必需的，但对光线并不敏感。维持适宜的 pH（6.5～7.5）有助于菌丝体的生长。

当进入子实体阶段，环境条件的要求略有变化。除了需要与菌丝体阶段一致的氧气、含水量和 pH 外，还需要更高的相对湿度，相对湿度范围为

87%～95%，以及一定量的弱光刺激。这些条件对于促进子实体的形成和发育至关重要。

（二）白灵菇的袋料栽培技术

1. 白灵菇栽培季节的选择

白灵菇的栽培与气候密切相关，最适宜的栽培条件是当地最低气温稳定在 0～12 ℃。栽培白灵菇需要进行一系列提前准备。首先，需要提前制作栽培种，时间要提前 60～80 天。然后，制作母种及原种，时间再向前推移 80～90 天。

由于不同地区气温的差异，白灵菇的接种和出菇期也有所不同。在黄河以北的地区，白灵菇的接种期为 8 月上旬，而出菇期则是在 12 月至次年 1 月。而在华东长江流域以南的省区，白灵菇的接种期会推迟到 8 月下旬～9 月上旬，出菇期与黄河以北地区相同，即在 12 月至次年 1 月。南方的高海拔山区和北方的高寒地区由于特殊的气候条件，白灵菇的接种和出菇时间可以适当提前。这样的灵活性使这些地区也能成功地栽培白灵菇。

2. 白灵菇的接种及发菌管理

白灵菇培养的关键步骤如下：首先，采用食用菌常规接种方式，在最适菌丝生长条件下培养。接种后的菌袋需要搬至清洁、消毒的培养室，并与其他食用菌相似地摆放。在培养过程中，必须保持室温在 25～28 ℃，不要超过 28 ℃，并且进行遮光培养。为了保持菌袋内气体新鲜，每天要进行 1～2 次通风，每次通风时间为 30～60 分钟。过了 10 天左右，需要检查菌丝的生长情况，并清除可能出现的污染菌袋。当菌丝生长到菌袋的三分之一时，要将室温保持在 23～26 ℃，其他条件保持不变。当菌丝完全长满整个菌袋后，还需要进行 60 天以上的自然后熟阶段，直到菌袋生理成熟。另外，也可以通过调节温度的方式来加速后熟过程。一种方法是将温度调至 30 ℃左右，使菌丝充分发育。然后将菌袋移到 0～10 ℃的低温环境下进行 15 天左右的低温培养，这有助于加速后熟过程。

为了判断菌袋是否完成生理成熟，需要注意一些标志：菌袋的色泽会更加洁白，敲击菌袋时会发出空心木声响，手感也会变得硬度较高，并且菌袋富有较强的弹性。

3. 白灵菇的出菇管理

在出菇房栽培蘑菇的过程中，已经生理成熟的菌袋需要被移至出菇房，

并以墙式堆放的方式摆放。为了保持适宜的生长环境，菇房的空气相对湿度需要控制在 90%～95%。白天的温度维持在大约 18 ℃，同时提供 1 000～2 000 lx 的散射光。而夜晚，温度则需要保持在 10 ℃以下，并提供全黑暗的环境。

经过 10～15 天的变温变光刺激后，原基会开始出现。一旦原基长到 1～2 cm 的大小，栽培者应当解开菌袋口，并保留 1～2 个健壮的菇蕾进行疏蕾。在进行疏蕾后，需要将散射光强度调整至 1 000～2 000 lx，同时保持温度为 13～18 ℃。

为了确保菇房内的温度始终在适宜范围内，应当密切注意温度的变化。如果温度超过 18 ℃，需要及时降温；而低于 8 ℃时，则需要增加光照并减少通风量。此外，菌房内的空气相对湿度也需要维持在 90%～95%，可以通过向四周、地面喷水来实现。虽然维持湿度是重要的，但切忌使子实体积水，以避免湿度过低而导致菌盖龟裂。为此，在喷水后需要结合通风换气来保持适当的湿度水平。每天进行 3～4 次喷水换气，每次 0.5～1 小时。

从原基开始膨大到采收一般需要经过 10～15 天的时间。栽培者需要耐心等待，同时密切关注环境条件的变化，以确保蘑菇能够在最适宜的条件下健康成长。

4. 白灵菇的采收及后期管理

在采收时，选择尚未散射孢子的子实体菌盖，这些菌盖仍然内卷，边缘圆整。采收过程与鲍鱼菇采收过程相似，通常每个约 150 g 的子实体在市场上最受欢迎。在完成第一茬采收后，需要将温度保持在 12～18 ℃，空气相对湿度保持在 60%左右。过去一个月后，可以通过露天或覆土的方式促进第二茬的芽生和菇体出现。不过，白灵菇一般只进行单茬采收。

第四节 农业微生物的产业发展

一、微生物种质资源发挥农业微生物产业的"芯片"作用

农业微生物种质资源指能够纯培养、具有一定研究与应用价值的细菌和真菌等，是整个微生物行业的核心，是微生物学和生物技术研究、微生物产

业持续发展的重要物质基础。性能优异的微生物菌种资源已成为农业微生物产业的核心关键，一个菌种支撑一个细分产业的现象趋于普遍。例如，阿维菌素曾是农用杀虫剂的重点产品，科研人员基于阿维链霉菌高产菌株的阿维菌素生物合成适配性体系，设计了高效生产高效阿维菌素的元件与模块，将阿维菌素产量提高了 1 000 倍，市场价格下降至原来的五十分之一以下；阿维菌素的生产技术革新引领了农用抗生素产业的快速发展，也为其他天然产物生物制品的改良提供了启示和借鉴。

以原位培养、微流控培养、细胞分选、单细胞测序等为代表的新型培养技术逐步成熟，发展了多种"非定向""定向"相结合的"未/难培养微生物"分离技术与方法，为发掘新的农业微生物资源创造了技术条件，也为获取优良菌种提供了基础。在后基因组时代，未培养微生物的分离培养将以基因组功能预测为基础，重点开展原位功能活性测试，从生理特点、代谢途径、营养需求等方面探析微生物可培养机理，从而获取性状优良的可培养农业微生物菌种资源。

从自然界中分离获得的野生菌种，通常不满足规模化生产要求，需要进行选育以获得优质高产的菌种。以合成生物学、高通量自动化筛选为核心的现代生物技术，为菌种改良提供了新手段，筛选效率较传统诱变方式高出千倍以上。生物信息大数据、基因编辑等技术，成为利用合成生物学技术对微生物进行更为精准的人工调控以实现更高效的定向进化，进而开展农业微生物菌种选育及改造的技术基础，相关研究正在引领微生物产业的创新发展。农作物微生物组技术可揭示作物微生物组的功能，阐明与农业有关微生物的特性、生命活动规律、作用过程调控机制，正处于从基础研究成果向田间应用转化的阶段，将为农业生产共性关键问题提供新的解决方案。

二、微生物资源鉴定精准化、功能评价系统化成为发展潮流

对微生物资源进行规模化、精准化鉴定评价，发掘满足现代农业发展需求的新型资源和基因，已经成为微生物利用领域的重要内容。在持续开展微生物资源的收集、保藏、应用开发等工作的同时，世界主要保藏中心正在由单一资源保藏机构转向包含评价、专业应用开发在内的综合性资源中心，注重将资源保藏与研发相结合，使高附加值化微生物资源得以充分

利用。此外，随着微生物组研究的深入，针对微生物遗传资源、代谢物的合成生物学研究，生物制造先进技术和颠覆性技术开发是未来农业微生物领域的研究热点。

我国虽是微生物种质资源大国，但未进入种质资源强国行列，菌种资源的精准鉴评能力亟待提升。微生物多样性高、代谢途径多样，然而大量具有优良性状的微生物资源"深藏库中无人识"：通过表型与基因型精准鉴定、用于育种创新的微生物种质资源比例不足 10%，多数资源尚未进行有效的开发利用，资源优势未能转化为产业优势。精准鉴评微生物遗传资源，发掘适应现代农业发展所需的新资源和功能基因，是农业微生物利用的重要方向。基于农业微生物的资源、基因、蛋白、代谢物等的合成生物学研究与应用正在积极开展之中。

三、多学科技术交叉与融合助力农业微生物智能制造和精准应用

大数据技术推动了农业微生物研究与应用朝着数据化模式发展，为农业微生物产业迈向现代化提供了新的支撑。物理、材料、计算机科学等学科与生命科学的交叉与融合，推动了生物成像、基因编辑、微生物组学等技术革新。测序技术的通量、准确度显著提高，基因编辑、合成生物学、现代生物信息学等促进了农业微生物产业的深刻变革。利用智能传感器、智能控制装备、深度学习等技术，构建发酵工艺的智能在线监测能力、微生物制造智能化技术与工艺体系，据此实现农业微生物产品的智能制造，逐步成为农业微生物产业的发展潮流。农业智能装备、大数据、人工智能、机器学习、区块链等技术，提供了异构数据的收集、分析、存储、共享、集成功能（及相应的高级分析方法），可实时监测日照、温/湿度、土壤养分、作物/养殖动物生长、水分、病原体、微生物在跨越土壤、动植物、环境时的循环运动过程以及病虫害情况。利用数据科学、信息技术实现农业微生物产品的精准应用，在动态变化条件下自动整合数据并进行实时建模，促进形成数据驱动的智慧管控及精准应用，成为重要的发展趋势之一。

第七章
微生物资源的创新发展研究

微生物作为地球上最为丰富和多样的生物资源之一，对于人类的生活和健康具有重要意义。随着科学技术的不断进步，微生物资源的创新发展研究也逐渐成为研究的热点领域。本章将重点介绍微生物资源的创新发展研究，包括微生物大数据资源的构建、微生物图像形态的视觉创新以及人工智能助力微生物的技术发展。

第一节　微生物大数据资源的构建

一、微生物资源的重要性与应用

微生物资源在支撑前沿基础研究和发展先进产业技术中起着至关重要的作用。微生物作为宝贵的资源，其大数据资源是微生物资源的重要组成部分。随着微生物在生命健康、绿色农业、可持续发展、生物技术、生态文明等领域中应用的增多，微生物资源及其组学数据呈现爆炸性增长的趋势。为了充分利用这一海量数据，人们围绕微生物大数据平台的建设、数据的挖掘和开发开展了广泛的工作，以实现数据的整理、整合和开放共享。

为了更好地利用微生物资源，建立微生物战略生物资源的实物资源库和信息平台至关重要。这一资源库和平台的建设旨在打通资源的收集、保藏、大数据分析、功能评价和技术应用的全链条，从而创新生物资源的研发体系。通过建立这样的资源库和平台，人们可以收集和保藏丰富的微生物资源，进行深入的大数据分析，评价微生物资源的功能特性，并将其应用于各个领域的技术开发和创新中。

微生物资源的全面利用对于推动前沿基础研究和促进先进产业技术的发展具有重要意义。通过挖掘和开发微生物资源的大数据，科研人员可以深入研究微生物的遗传特性、生理机制和代谢途径，为前沿基础研究提供重要的支持和参考。同时，微生物资源的应用也推动了先进产业技术的发展，例如利用微生物资源进行新药开发、绿色农业技术的创新、可持续发展解决方案的提出以及生物技术和生态文明的推进等。通过充分利用微生物资源和组学数据，人们可以开辟新的研究领域和商业机会，为社会的可持续发展和经济的繁荣作出贡献。

因此，建立微生物战略生物资源的实物资源库和信息平台，以及对微生物资源的大数据进行挖掘和开发，是推动前沿基础研究和发展先进产业技术的关键一步。通过创新的生物资源研发体系，人们可以更好地利用微生物资源的巨大潜力，为科学研究和产业发展提供持续的动力和支持。

二、微生物数据在检疫和环境治理中的应用

微生物数据在检疫和环境治理中的应用具有重要意义，主要体现在以下三个方面。

（一）检疫领域

传统的检疫方法存在诸多限制，而微生物数据为有害生物的检疫提供了更直接的应用途径。植物检疫性菌物数据库建立了一个全面的知识库，对检疫性菌物物种进行了详细记录和分类。基于这些数据库，针对部分物种开发了快速、准确的鉴定方案，能够有效地检测有害菌物，提高检疫工作的准确性和效率。

（二）环境治理领域

环境微生物资源信息库是一个为环境污染治理提供微生物信息的网站。该数据库提取了可用于环境治理的微生物菌株的信息，并按照用途进行分类。它提供了一个群体合成系统，通过关键词匹配环境或污染物，推荐可用的微生物菌株，帮助环境治理工作者选择适用的微生物资源，促进环境污染的修复和治理。

（三）白酒微生物数据库

白酒生产中的微生物起着重要的作用，而白酒微生物数据库收集了与白酒生产相关的微生物信息，包括酵母菌、乳酸菌等。这些数据库为白酒生产和工艺优化提供了重要的支持，可以帮助生产者选择适宜的微生物菌株，改进产品的质量和口感。

第二节　微生物图像形态的视觉创新

一、微生物图像视觉形态的设计手法

（一）抽象简化的手法

对于单一菌体，在显微镜下观察，因其生物学特性得到一个充满细节而又复杂的微生物图像。我们在运用自然的微生物图像素材进行平面设计时，需要对图像的视觉元素进行归纳，设计师要处理好微观图像中"简"与"繁"的对立和互补关系。除去微生物图像中各种不清晰的色彩结构，保留微生物特有形态并加入作者的主观感受，形成具有表达纯净完美视觉表现力的作品。在视觉传达设计中，归纳统一是人们常用的整理方法。人类简化事物的能力不断推动并萌生着新图像的诞生。

单色形式的运用可以完美地表现整体的微观图案，保留物象的生动，这样可以产生更清晰的图形"流动"感。简化与变形的手法，使整体画面大多紧凑。最明显的特征是强调图形轮廓的主题形状，简单的圆点、短线组合成细菌内部构成的脉络表达。此外，将底部的图案简化或省略为纯色图片，使整个图片看起来丰满而不复杂。同时通过平面化概括微生物形态以及细菌形态"内部"的归纳，这种突出"形"的缠绕，把绵延"流动"的生命形态更清楚地展现出来。

（二）模拟仿生的手法

模拟仿生是人类向自然学习的过程，模仿自然界生物体的纹饰是人类图像发展的一个重要源头；随着科技的发展，人类对大自然中生物及微生物始于形态的模仿到达功能结构的模仿。微生物所具有的一些功能比人工制造更灵活、更高效、更精巧；现在的艺术家与设计师也在微生物形态中寻找灵感，视觉图形在形式上尽可能地再现其真实的外观，蕴含着自然的生命力，并依靠结构的合理性来营造形式的魅力。

生活中的人们往往向往美好的事物，对美好的事物多留恋。具有生命特征的图案设计，首先遵循图案的形式美法则，所以微生物如细菌微观图像呈现出生机和源源不断的意味，从抽象化的内核到简约的轮廓线条，从紧凑有序的构图形式到简单有序的外形体现，能够表达生命的生长过程与情绪，给人想象的空间也激发设计者的灵感。

在公共环境中用模拟仿生的艺术品进行装饰，微生物形态空间感给予公众一种视觉上的新奇性、真实感、生命感。微生物形态应用于设计的出现不仅是满足人类对审美的需求，而且是基于实际功能性的需求。

二、微生物图像形态的视觉语言的现代创新

（一）整合创新

微生物图像纳入设计中打破了传统的美学观念和表现方式，形成一种新的视觉语言。运动品牌彪马设计了一套概念运动装，被定义为会呼吸的鞋。鞋体的上半部是呈现镂空装的线条，由一个被细菌填充的模具复刻出来，鞋子里的鞋垫会根据细菌对汗液中的化学成分的反映，收集使用者长期和短期生物信息，鞋底会根据运动员双脚的运动状态、发热情况，再结合环境的变化，细菌会一点一点腐蚀掉部分材质，形成一个镂空半透明鞋面，保持鞋内空气的清新畅通，随着技术的不断发展，微生物图像与各种事物组合的手段越来越多样化，呈现出荒诞奇妙的视觉效果，给人全新的视觉体验。品牌Puma 运用微生物形态的特点和微生物的功能性对其运动品牌进行概念性创新，以其概念的趣味性和新颖性抓住了消费者的眼球。

（二）装饰画

微生物图像形态的某些形式关系具有重复规律，也具有装饰性。装饰画是一种运用概括的视觉语言艺术形式，主要用来美化人们的生活。人类通过

记录观察微生物形态变化，积累经验了解到微生物经常处于运动变化的状态中。动与静形成了强烈反差，微生物图形形式关系中有一种潜在的动感，动中有静，静中有动，相互衬托，使装饰画画面生动。微生物形态图像的获取受限于观察器材和培养条件，因此微生物图像不一定直接用于装饰画中，而运用抽象与重构的手法创作。

第三节　人工智能助力微生物的技术发展

人工智能（AI）作为一项前沿技术，已经在各个领域展现出了巨大的潜力。然而，除了在机器学习、自然语言处理和计算机视觉等领域取得突破外，人工智能也在微生物学中发挥着日益重要的作用。微生物是地球上最早出现的生物之一，对环境和人类健康都具有重要影响。本节将探讨人工智能如何助力微生物的技术发展，并揭示其在微生物学领域中的潜在应用。

一、微生物数据分析和分类

人工智能在微生物数据分析和分类方面的应用，为微生物学领域带来了革命性的变化。传统的微生物分类方法主要依赖于序列比对和手动注释，这种方法在处理大规模数据时面临着巨大的挑战。而人工智能技术通过机器学习算法的应用，可以更加高效地进行微生物数据的分类和识别。

微生物学家通过收集微生物样本的基因组数据，获得了大量的 DNA 序列信息。这些数据中蕴含着微生物的遗传信息和特征，但是传统的手工分析方法往往耗时费力且容易出错。人工智能技术可以通过对这些数据进行运用和学习，建立模型来自动化地识别和分类微生物。

机器学习算法可以从大量的微生物基因组数据中学习特征和模式，从而建立起一个准确的分类模型。这些算法能够快速而准确地判断微生物的分类，甚至可以发现隐藏在数据中的微小差异。相比传统的手工方法，人工智能在微生物分类方面具有更高的准确性和效率。

此外，人工智能还可以辅助微生物数据的分析和解释。通过对微生物基因组数据进行深入的学习和分析，人工智能可以识别微生物的功能基因和代谢途径，预测微生物在不同环境中的生物学行为。这对于了解微生物在生态系统中的作用和功能具有重要意义。

人工智能在微生物数据分析和分类领域的应用方面还处于不断发展和完善的阶段。随着技术的进一步发展和数据的积累，人工智能将能够更加精确地识别和分类微生物，为微生物学的研究和应用提供更强大的工具和方法。这将推动微生物学的发展，拓展我们对微生物世界的认知，为解决环境、农业和医学等领域的挑战提供有力支持。

二、预测微生物的功能和代谢途径

人工智能在预测微生物功能和代谢途径方面的应用，为我们深入了解微生物的生物学特性和潜在应用提供了新的途径。

微生物在生态系统中扮演着重要的角色，其功能和代谢途径对于维持生态平衡和环境稳定至关重要。然而，微生物的功能和代谢途径的解析对于传统实验方法来说往往是一项耗时费力的任务。而借助人工智能的力量，科学家们能够利用大规模的微生物基因组数据，通过机器学习算法来预测微生物的功能和代谢途径。

通过对微生物基因组数据的分析，人工智能可以识别出与特定功能和代谢途径相关的基因和基因组片段。这些预测模型可以帮助科学家快速而准确地确定微生物的潜在功能，如产生特定的酶、参与特定的代谢途径或对特定环境因子的响应等。

利用人工智能预测微生物功能和代谢途径对于农业、环境保护和生物工程等领域具有重要意义。在农业领域，科学家们可以通过预测微生物功能和代谢途径来优化土壤微生物的应用，提高农作物的生长和抗逆能力。在环境保护方面，人工智能可以帮助预测微生物在污染物降解和生态修复中的潜在功能，为环境治理提供科学依据。在生物工程领域，预测微生物的功能和代谢途径可以为合成生物学的设计和优化提供指导，加速新药和化学品的研发过程。

尽管人工智能在预测微生物功能和代谢途径方面取得了显著进展，但仍面临一些挑战。其中之一是数据的质量和数量，更多高质量的微生物基因组数据对于建立准确的预测模型至关重要。另外，微生物功能和代谢途径的多样性和复杂性也增加了预测的难度，需要进一步改进算法和模型的精确性和可靠性。

总之，人工智能在预测微生物功能和代谢途径方面的应用为微生物学领域提供了一种高效、准确的方法。随着技术的不断进步和数据的积累，人工智能将为微生物的研究和应用开辟更广阔的前景，助力农业、环境保护和生物工程等领域的可持续发展。

三、发现新的天然产物和抗生素

人工智能在发现新的天然产物和抗生素方面的应用，为药物发现和生物技术领域带来了革命性的突破。

传统的微生物筛选方法通常需要从大量的微生物样本中进行繁琐的分离、培养和筛选过程，耗费时间和资源。此外，由于微生物在实验室条件下的生长行为可能与其在自然环境中存在差异，因此传统方法仅能挖掘微生物资源中的一小部分。

然而，人工智能技术通过对微生物基因组数据的分析，可以预测潜在的天然产物基因簇。这些基因簇可能编码着合成新的天然产物和抗生素所需的酶和调控元件。人工智能可以通过机器学习算法识别这些基因簇，并预测其可能产生的化合物结构和生物活性。

利用人工智能进行天然产物和抗生素的发现具有多个优势。首先，通过分析大规模的微生物基因组数据，人工智能可以快速而准确地识别潜在的天然产物基因簇，极大地加速了发现新化合物的速度。其次，人工智能可以预测这些化合物的结构和活性，为药物发现和优化提供重要线索。最后，人工智能还能够预测潜在的生物合成途径，帮助科学家理解和优化天然产物的生物合成过程。

人工智能在发现新的天然产物和抗生素方面也面临一些挑战。首先，需要大量高质量的微生物基因组数据作为训练样本，以建立准确的预测模型。其次，由于微生物基因组的多样性和复杂性，预测结果可能存在一定的误差和不确定性，需要结合实验验证进行进一步的确认。

尽管存在挑战，人工智能在天然产物和抗生素发现方面的应用已经取得了令人瞩目的成果。通过发现新的天然产物和抗生素，人工智能为药物发现和生物技术领域提供了新的机遇和挑战。这些新发现的化合物可能具有更高的生物活性和更广泛的应用领域，为解决传染病、抗药性等问题提供了新的治疗选择。

四、微生物群落分析和人体健康

微生物群落分析与人体健康密切相关，而人工智能的应用则可以加深我们对这种关系的理解，为精准医学和个体化治疗提供新的思路和方法。

人体内存在着大量微生物群落，特别是在消化系统中。这些微生物在维持人体健康方面发挥着重要作用，例如，帮助食物消化、合成必需的维生素和氨基酸，并参与免疫调节。微生物群落的失衡或功能异常可能与多种疾病的发生和发展相关，如肠道炎症性疾病、肥胖症和自身免疫疾病等。

人工智能在微生物群落分析方面的应用可以帮助科学家处理和解读大规模微生物群落数据。通过机器学习算法，人工智能可以对微生物群落中的微生物种类、相对丰度和功能进行快速、准确的分析。人工智能可以发现微生物之间的相互作用模式，识别出与特定健康状态相关的微生物组合，并预测其对人体健康的影响。

借助人工智能的力量，科学家们可以探索微生物与人体健康之间的关联，并发现潜在的微生物标志物，从而为疾病的早期诊断和治疗提供依据。例如，通过比较健康人和患有特定疾病的人的微生物群落数据，人工智能可以找出与疾病相关的微生物特征，从而为疾病的诊断和监测提供新的手段。此外，人工智能还可以根据个体的微生物组成和功能预测，为个体化的治疗方案提供指导，从而提高治疗效果和减少不必要的药物使用。

人工智能在微生物群落分析方面的应用为我们深入理解微生物与人体健康之间的关系提供了新的工具和方法。通过发现微生物群落与健康之间的关联，人工智能为精准医学和个体化治疗提供了新的思路和途径。随着人工智能和微生物学的不断发展，我们可以期待更多令人兴奋的突破和创新，为人类创造更加繁荣和健康的未来。

结束语

　　在现代生命科学中，微生物资源的开发和利用已经成为重要研究领域之一，在医药、农业、环境保护、能源等方面，微生物资源都扮演着不可替代的角色。随着科技的进步和经济的发展，人们对微生物资源的需求越来越高，对其开发利用的要求也越来越高。因此，我们需要在开发利用微生物资源的过程中，提高微生物资源的保护意识。我们需要深入理解微生物与大自然的关系，强化微生物资源的可持续保护后再进行开发和利用。在开发过程中，除了依靠已有的资源外，我们还需要不断地推进技术创新，开发新的突破性技术，拓宽利用范围。

　　就微生物资源的开发利用可持续性而言，我们必须把微生物资源保护作为核心工作，并倡导科学的开发和利用方式，坚持"科学、可持续、利益共享"的原则，发挥微生物资源在各个方面的重要作用。同时，推动各国开展国际科技和经济合作，加强微生物资源开发利用技术和相关比较研究，进一步提升微生物资源的开发利用水平，促进经济的可持续发展。小小的微生物是地球上最为重要的生物，通过不懈的努力，我们一定能够更好地开发利用这一丰富的资源，让微生物为人类的生活贡献更多的力量。

参考文献

［1］ ALISON L，TIMOTHY W，SUSANNE E，et al. Viruses of haloarchaea ［J］. Life，2014，4（4）：681-715.

［2］ ATANASOVA N S，OKSANEN H M，BAMFORD D H. Haloviruses of archaea，bacteria，and eukaryotes ［J］. Current opinion in microbiology，2015，25: 40-48.

［3］ Chuan-Xu Wang, Xin Li. JMT-1: a novel, spherical lytic halotolerant phage isolated from Yuncheng saline lake ［J］. Brazilian journal of microbiology，2018，49：262-268.

［4］ FOREST R，REBECCA V T. Viruses manipulate the marine environment ［J］. Nature，2009，459：207-212.

［5］ FRANCISCO R V，ANA B，MARTIN C，et al. Explaining microbial population genomics through phage predation ［J］. Nature precedings，2009，7（11）：828-836.

［6］ PRIYA N，SHEILA P，JUAN A U，et al.De novo metagenomic assembly reveals abundant novel major lineage of archaea in hypersaline microbial communities ［J］. The ISME journal，2011，6（1）：81-93.

［7］ Chuan-Xu Wang，Ai-Hua Zhao，Hui-Ying Yu，et al. Isolation and characterization of a novel lytic halotolerant phage from Yuncheng saline lake ［J］. Indian journal of microbiology，2022，62（2）：249-256.

［8］ 安登第. 与利用天然草地的另类资源：土壤微生物[J]. 草业科学，2003，20（12）：68-71.

［9］ 蔡海莺，王珍珍，张婷，等. 微生物脂肪酶资源挖掘研究进展 ［J］. 食品科学，2018，39（7）：329-337.

［10］ 邓凯. 微生物制药及微生物药物分析 ［J］. 保健文汇，2017（1）：233.

［11］ 方祥，钟士清，郭丽琼，等. 微生物学网络资源在多媒体教学中的应

用 [J]. 微生物学通报, 2005, 32 (5): 164-167.

[12] 傅开彬, 陈海焱, 谌书, 等. 微生物在废弃印刷线路板资源化中的应用研究进展 [J]. 金属矿山, 2016 (1): 176-181.

[13] 高芦宝, 韩思奇. 关于微生物制药及微生物药物的研究 [J]. 当代化工研究, 2016 (1): 25-26.

[14] 高岩, 李波. 我国深海微生物资源研发现状、挑战与对策 [J]. 生物资源, 2018, 40 (1): 13-17.

[15] 苟敏, 曲媛媛, 杨桦, 等. 鞘氨醇单胞菌: 降解芳香化合物的新型微生物资源 [J]. 应用与环境生物学报, 2008, 14 (2): 276-282.

[16] 胡伟, 刘晓冰, 张兴义. 土壤结皮特性对风力侵蚀的影响 [J]. 土壤与作物, 2023, 12 (1): 88-95.

[17] 黄元, 杨梦丽, 赵国海. 平菇的栽培技术 [J]. 河南农业, 2022 (19): 17.

[18] 贾鸿飞, 贾荣亮, 吴秀丽, 等. 干旱沙区生物结皮对土壤膨胀的影响 [J]. 中国沙漠, 2023, 43 (2): 28-36.

[19] 贾会坤, 张奕南, 冯进辉, 等. 近期工业微生物关键技术和应用 [J]. 化学进展, 2007, 19 (7/8): 1223-1228.

[20] 姜国胜, 张娣, 杜萍, 等. 食用菌液体发酵罐制种技术 [J]. 食用菌, 2016, 38 (6): 49-51.

[21] 姜建新, 徐代贵, 王登云, 等. 滑菇工厂化栽培技术 [J]. 食用菌, 2016, 38 (6): 48-49.

[22] 可欣. 食用菌制种简化革新法 [J]. 北京农业, 2011 (34): 20.

[23] 冷冰, 李晓娟. 基于微生物菌种资源库的图像智能检索系统研究 [J]. 计算机应用研究, 2007, 24 (7): 286-288.

[24] 李峰, 赵建选, 靳荣线. 玉米芯发酵料栽培平菇技术优势问题分析及对策 [J]. 食用菌, 2020, 42 (1): 37.

[25] 李豪, 邹伟. 微生物在油菜秸秆资源化中的应用研究进展 [J]. 中国饲料, 2018 (23): 72-76.

[26] 李建东, 王立荣, 刘海英, 等. 食用菌制种间空气中细菌杂菌对平菇菌丝生长的影响 [J]. 河北农业科学, 2015, 19 (2): 33.

[27] 李一丁. 全球微生物遗传资源获取规则动态、中国问题与完善建议 [J]. 中国科技论坛, 2019 (11): 21-29.

［28］ 李友训，关翔宇，高焱，等. 北极地区深海微生物研究进展及对策
［J］. 海洋科学，2016，40（12）：138-145.

［29］ 林先贵. 土壤微生物研究原理与方法［M］. 北京：高等教育出版社，
2010.

［30］ 刘国圣. 微生物制药及微生物药物分析［J］. 南方农业，2016，10（3）：
156-157.

［31］ 刘京京，陈学文，梁爱珍，等. 微生物肥料及其对黑土旱田作物应用
的效果［J］. 土壤与作物，2023，12（2）：179.

［32］ 卢蕾. 微生物修复技术在石油烃类污染场地的应用研究［J］. 石油化工
技术与经济，2023，39（2）：49.

［33］ 卢文珺，卢文琼，房逢立. 海洋微生物产物在医药卫生方面的开发利
用概况［J］. 科技视界，2016（7）：283.

［34］ 吕东红. 农家食用菌制种新模式［J］. 中国农业信息，2016（6）：96-97.

［35］ 宁华，涂卫国，王琼瑶. 微生物在水葫芦资源化利用中的应用研究综
述［J］. 安徽农业科学，2016，44（18）：7-10.

［36］ 宁喜斌，孙梦洁，李晓晖. 海洋类院校食品微生物学课程的设计与教
学［J］. 安徽农业科学，2020，48（3）：271-273.

［37］ 邱木清，张卫民. 微生物技术在矿产资源利用与环保中的应用［J］. 矿
产保护与利用，2003（6）：46-51.

［38］ 邵声远. 深海生态与深海微生物研究进展［J］. 生物化工，2022，8（6）：
196-198.

［39］ 涂永江. 微生物制药及微生物药物研究［J］. 科技风，2017（12）：270.

［40］ 王芳，孟丽君，张玉萍，等. 醋糟在食用菌制种中的应用［J］. 山西农
业科学，2015，43（2）：160.

［41］ 王风平，周悦恒，张新旭，等. 深海微生物多样性［J］. 生物多样性，
2013，21（4）：446-456.

［42］ 王家生，王永标，李清. 海洋极端环境微生物活动与油气资源关系
［J］. 地球科学（中国地质大学学报），2007，32（6）：781-788.

［43］ 王万春，陶明信. 地质微生物作用与油气资源［J］. 地质通报，2005，
24（10）：1022-1026.

［44］ 王伟，姚从禹，孙晶晶，等. 极地微生物酶资源开发研究进展［J］. 极
地研究，2020，32（2）：264-275.

［45］王妍莹. 海洋微生物组研究进展［J］. 价值工程，2020，39（1）：219-222.

［46］王云飞. 香菇栽培技术及推广应用探索［J］. 新农业，2022（7）：21.

［47］王郑霞，肖来胜，林宏洪，等. 海洋食品微生物生长智能通用预测平台［J］. 电脑知识与技术，2011，7（19）：4665-4666.

［48］魏鹏，龚文琪，雷绍民. 微生物技术在低品位矿物资源开发与综合回收中的应用［J］. 有色金属，2000，52（4）：188-190.

［49］吴芳. 微生物制药及微生物药物研究［J］. 饮食保健，2017，4（24）：19-20.

［50］王传旭，赵爱华，于慧瑛，等. 淀粉酶高产菌株的筛选、紫外诱变及产酶条件优化［J］. 微生物学通报，2022，49（5）：1759-1773.

［51］王传旭，于慧瑛，赵爱华，等. 一株盐湖芽孢杆菌 AF-1 的鉴定及其抗尖孢镰刀菌活性研究［J］. 云南大学学报（自然科学版），2019，41（1）：164-171.

［52］王传旭，于慧瑛，曹建斌，等. 1 株产淀粉酶嗜盐细菌 X50 的分类鉴定及其粗酶活特性研究［J］. 微生物学杂志，2017，37（1）：78-82.

［53］郭栋卫，远宜彤，杨丽婷，等. 一株黄河湿地气单胞菌 AF-11 的分离鉴定及其酶活性分析［J］. 运城学院学报，2017，35（6）：5.